通向高水平钢筋下料之路

平法钢筋软件 **G101.CAC** 实例教程

余 尚 编著

中国建材工业出版社

图书在版编目（CIP）数据

通向高水平钢筋下料之路：平法钢筋软件
G101.CAC 实例教程 / 余尚编著 . –– 北京：中国建材工
业出版社，2012.9
　ISBN 978-7-5160-0229-2

Ⅰ . ①通… Ⅱ . ①余… Ⅲ . ①钢筋混凝土结构—结构
计算—应用软件—教材 Ⅳ . ① TU375.01-39

中国版本图书馆 CIP 数据核字（2012）第 171556 号

内 容 简 介

掌握平法钢筋软件 G101.CAC，提高职业技能水平，成为行业内的技术中坚，已是众多高水平钢筋工程师的共识。

如何使具备初级电脑操作水平的钢筋工程师，在较短的 24 学时内理解并掌握这款软件，是本教程的重点讲解内容。

本教程首先深入剖析了 CAC 软件技术解决方案的核心概念——结构构件，使读者在深刻理解软件技术内涵的前提下，整体把握住软件钢筋翻样的技术方法——单一结构构件法；其次，教程中以工程中典型构件为实例，细致讲解了软件钢筋翻样的具体操作，并进一步讲解了工程中复杂构件的处理操作，使读者在学习后能举一反三，迅速将软件应用于实际工程，成为高水平钢筋下料工程师。

本教程讲述的软件操作，针对初级电脑水平的钢筋工程师，通过大量前后有序、脉络清晰的软件操作界面截图，使读者在不看软件、只看教程的情况下，准确地理解软件操作、掌握软件操作。

本教程可作为钢筋翻样人员职业技能培训用书，也可作为钢筋下料电算教学用书。

通向高水平钢筋下料之路——平法钢筋软件 G101.CAC 实例教程
余　尚　编著

出版发行：中国建材工业出版社
地　　址：北京市西城区车公庄大街 6 号
邮　　编：100044
经　　销：全国各地新华书店
印　　刷：北京印刷集团有限责任公司印刷二厂
开　　本：787mm×1092mm　1/16
印　　张：13.75
字　　数：336 千字
版　　次：2012 年 9 月第 1 版
印　　次：2012 年 9 月第 1 次
定　　价：99.00 元

本社网址：www.jccbs.com.cn
本书如出现印装质量问题，由我社发行部负责调换。联系电话：（010）88386906

通向高水平钢筋下料之路

——平法钢筋下料软件 G101.CAC 的核心特点

一、工程建设中的高水平钢筋下料

如何进行钢筋下料，才能符合工程建设的实际需要？这不仅衡量着一位钢筋工程师的技术水平，同时也衡量着一款钢筋下料软件的技术水平。

通常我们把钢筋下料看作是一项符合技术指标的事情，但高水平的钢筋工程师却在实践中认识到，钢筋下料是一项技术指标和经济指标并重的事情。

钢筋混凝土结构工程中，钢筋这种消耗量大的材料，仅按材料价格计算，就占到工程直接成本的 25% 以上。但是，在钢筋下料的两项主要工作中，无论是钢筋翻样时计算出的下料尺寸，还是钢筋加工时的钢筋组合，最终都要落实在定尺长度的钢筋上。如果在钢筋翻样和钢筋加工中，不充分考虑钢筋定尺长度，将会产生更多的不可利用的钢筋短料头，即钢筋损耗。而钢筋损耗率每降低 1%，则意味着工程成本降低 0.25%。

工程建设中，一位高水平的钢筋工程师，通过在钢筋翻样中对钢筋接头位置优化设置，在钢筋加工中对同一规格钢筋优化组合断料，可有效将钢筋损耗率控制在 1% ～ 2%，而不考虑优化的钢筋工程师，却可能使钢筋损耗率超过 3% 甚至达到 5%。

因此，在钢筋翻样时充分利用钢筋定尺长度，在钢筋加工时充分利用钢筋定尺长度，尽可能地降低钢筋损耗率，不仅是工程建设对钢筋下料提出的重要要求，同时也是衡量一位钢筋工程师技术水平之所在。

而要成为一名高水平的钢筋工程师，首先，就需要精通掌握 G101 系列平法图集，根据平法图集中的标准构造要求，在钢筋翻样时，充分考虑钢筋施工、钢筋加工中对下料尺寸的种种影响因素，按照钢筋定尺长度模数 (即定尺长度的 1 倍、1/2 倍、1/3 倍等)，优化设置连接钢筋的接头位置，使计算出来的钢筋下料尺寸，既符合接头位于连接区范围内的标准构造要求，又充分利用钢筋。其次，在钢筋加工中，根据钢筋定尺长度，对相同规格的钢筋进行优化组合，以进一步充分利用钢筋。

二、平法钢筋下料软件 G101.CAC 的核心特点

在中国建筑标准设计研究院的高起点、高标准的要求下，历时 5 年，汇集了平法图集编制者中的专家学者、施工一线的高水平钢筋工程师、高级软件编程师等三方面顶尖技术力量，研发的平法钢筋下料软件 G101.CAC(以下及以后简称 CAC 软件)，就是一款能够使我们成为

高水平钢筋下料工程师的软件。

在 CAC 软件中，平法图集中的各种标准构造，内置于各构件的钢筋翻样计算过程中，只要我们正确输入钢筋翻样中各项有关参数，软件就会以充分利用钢筋定尺长度的方式，计算出符合标准构造的钢筋样式和下料尺寸。施工中，如果工程各方对钢筋样式及下料尺寸产生了不同看法，软件提供的样式和尺寸可以成为权威参考。

在 CAC 软件中，针对钢筋加工设置了"优化断料"功能，只要使用这一功能，软件就会针对我们选定的各种构件钢筋或结构层的全部构件钢筋，在定尺长度的库存钢筋及料头上优化组合，使钢筋损耗率降低到 2% 以下。

CAC 软件，这款以帮助钢筋工程师实现高水平钢筋下料的软件，正在推动着我国钢筋下料领域整体技术水平的提高。

三、写给初学者：懂技术就能懂软件

钢筋下料软件的使用，使得精通技术的钢筋工程师的工作效率、质量数倍提升，这种提升所带来的又是工作能力的数倍扩展，使既懂技术又掌握软件的钢筋工程师日益成为工程建设的中坚。

每一位已经掌握技术的钢筋工程师，都应掌握一款能够高水平进行钢筋下料的软件，而没有理由把掌握软件视为一项难题。实际上，掌握钢筋下料这门技术的难度，远远大于掌握钢筋下料软件。

钢筋下料软件，无非是钢筋下料技术的体现。因此，如果我们已经掌握了钢筋下料技术，就意味着我们已经掌握了钢筋下料软件的 80%。有一些钢筋工程师，在技术上不断精益求精，但在软件面前停下了脚步，这是在已经掌握了软件 80% 的情况下，止步于 20%，无论怎么看，都是遗憾。

因此，这里建议那些尚未使用软件的钢筋工程师，坐到电脑前，打开 CAC 软件，参阅我们的工程实例讲解，用上 24 学时，了解它、掌握它。

学习的时候，不要总想着自己的电脑水平有多低，而是要想着自己的钢筋下料水平有多高。时刻开动脑筋，多从钢筋下料技术的角度来思考和理解 CAC 软件，即使只具备基本会打字的电脑水平，同样能很快掌握软件，让它成为我们工作中得力的助手。

四、24 学时内掌握 CAC 软件的关键

24 学时内掌握 CAC 软件，并不是一件难事，其关键在于："正确、深刻"理解 CAC 软件的核心技术概念——结构构件。唯有如此，学习过程方可一通百通、不走弯路。

而在实际工程中，遇到结构形式较复杂的构件，如组合形式的多柱肢墙柱，上下标准段形式变化大的墙身，复杂的柱、梁、基础、板等构件，需灵活使用软件完成翻样时，只有根据"结构构件"概念的两个基本属性——"构件在结构组成上的整体性"及"构件每一组成部分在配筋构造上的关联性"，方可在头脑中迅速形成正确的处理思路，顺利完成复杂构件的钢筋翻样。

本教程的"第二章 软件中的结构构件"是重点，是关键。看完这一章只需 20 分钟，建议看上两三遍，正确理解软件的这一技术内涵。这样，在学习中，就可从核心技术概念的高度上整体把握住了软件解决问题的总思路，从而头脑清晰、心情愉快、24 学时掌握。

目 录

发展出版传媒　服务经济建设

传播科技进步　满足社会需求

中国建材工业出版社

China Building Materials Press

第一章　初识 CAC 软件

（完成本章学习，约 15 分钟）

现在，我们开始一步步掌握平法钢筋软件 G101.CAC。

首先，从手工钢筋翻样的角度，初步认识 CAC 软件的钢筋翻样。

一、手工翻样与软件翻样

1．不同之处

手工翻样时，需自行翻阅平法标准构造详图，自行设定钢筋样式，自行计算下料尺寸。

软件翻样时，平法标准构造详图已内置于各构件钢筋翻样计算过程中，钢筋样式由软件设定，下料尺寸由软件计算。

2．相同之处

（1）手工翻样时，从施工图中查出各项参数；软件翻样时，同样从施工图中查出参数。区别为：手工翻样时参数写在纸上，软件翻样时参数输入到软件页面。

（2）手工翻样时，根据钢筋定尺长度设定优化方案；软件翻样时，同样根据钢筋定尺长度设定优化方案。区别为：手工翻样时需反复验算以获得最优方案，软件翻样时则是自动验算直接获得最优方案。

（3）手工翻样时，需考虑钢筋加工、施工中各种影响；软件翻样时，同样考虑这些影响。区别为：手工翻样时每一构件都需考虑一遍这些影响，软件翻样时只需设定一次则相关构件全部自动考虑。

（4）手工翻样时，一些细节如钢筋弯曲调整值等可以使用经验数据；软件翻样时，这些细节同样可使用经验数据。区别为：手工翻样时需按经验数据自行计算每一根钢筋，软件翻样时则是设定这些数据由软件计算全部钢筋。

（5）手工翻样时，可选定各种计算模式；软件翻样时，同样选定各种计算模式。区别为：手工翻样时需亲自按所选模式计算，软件翻样时则是选定计算模式由软件计算。

（6）手工翻样时，需编制各构件钢筋配料单、加工料单；软件翻样时，同样编制这些料单。区别为：手工翻样时需自行编辑，软件翻样时则是按工程所需详尽格式自动编辑完成。

（7）手工翻样时，需在料单上标注钢筋位置；软件翻样时，同样在料单上标注钢筋位置。区别为：手工翻样时需自行绘出、标明位置，软件翻样时则由软件自动绘出、标明位置。

通过上述说明可以看出，CAC 软件钢筋翻样与手工钢筋翻样，在处理事项上、计算方法上一致，但软件替代了手工翻样时的设定钢筋样式、下料尺寸计算、汇总、编辑料单等各种事项。如果我们已经掌握手工钢筋翻样技术，掌握软件又有何难。

二、单构件法——CAC 软件的钢筋翻样方法

自工程结构设计之时，结构设计师的构件及其配筋计算，针对的就是单一结构构件，为单一结构构件确定截面尺寸，为单一结构构件配置钢筋。因此，在结构中，两种构件的钢筋虽然存在节点处的锚固关系，但钢筋仍然各自属于各自构件。

钢筋在结构中的单构件存在方式，决定了我们在进行钢筋下料计算时，自然地以单构件为计算对象。我们可以根据工程进度要求，或者根据自己安排的计算顺序，从任一构件开始，为一个个单构件进行钢筋翻样，为一个个单构件出具钢筋配料单，为钢筋安装人员提供一个个单构件的钢筋位置图，将一个个单构件的钢筋汇总并进行优化组合后为钢筋加工人员出具断料单。

如果说，我们每一位钢筋工程师思考解决问题的方式，在根本上都有共同之处，那么这种由钢筋存在方式决定的以单一结构构件为对象的思考解决问题方式，就是我们钢筋工程师共同的思考解决问题方式，这是属于我们钢筋工程师自己的方式。

CAC 软件解决问题的方式不会与我们远离，只会与我们贴近。我们思考解决问题的方式，就是 CAC 软件所要体现的方式。因此，CAC 软件采用了单构件法，在根本上与我们相同。软件的计算过程同样是从任一构件开始，针对一个个结构构件计算，为一个个结构构件提供钢筋配料单、钢筋位置图，将一个个结构构件的钢筋汇总后进行钢筋优化断料。我们是以我们钢筋工程师自己思考解决问题的方式在使用 CAC 软件。

第二章　软件中的结构构件

（完成本章学习，约 1 小时，建议反复阅读直至理解）

CAC 软件中的各种构件，是严格意义上的结构构件。这是 CAC 软件的技术解决方案的精髓所在，也是 CAC 软件深厚技术实力的体现。同时这也是 CAC 软件功能之所以强大、翻样结果之所以权威，因而成为 G101 平法图集配套软件的根本原因所在。

正因为如此，而且唯有如此，由软件按照平法标准构造自动进行钢筋翻样，才从理想变成现实。

一、结构构件的涵义

结构构件，即指位于结构中某一部位以整体形式承受荷载作用的构件，构件每一组成部分的配筋，则通过配筋构造关联在一起而成为共同受力的配筋整体。

结构构件在"结构组成上的整体性"及其"每一组成部分在配筋构造上的关联性"，是其两个基本属性。

二、CAC 软件中的结构构件

CAC 软件中的每一构件，均体现着结构构件组成上的整体性和配筋构造上的关联性。

就结构构件的整体性而言，在 CAC 软件中添加构件时，须以整体形式的结构构件作为单一构件，而不能将整体结构构件中的某一组成部分分出来作为单一构件。

就结构构件每一组成部分配筋构造的关联性而言，CAC 软件中构件的每一组成部分，不仅承担着使自身配筋按标准构造配置的功能，同时也承担着使相邻组成部分配筋按标准构造配置的功能。

每一整体结构构件及其配筋，即为平法施工图中表达的构件及其配筋。因此 CAC 软件中构件的结构形式、配筋构造、参数标注格式均与平法施工图中的构件一一对应。

1．竖向构件柱

（1）整体性的体现

其自根部至顶部的全部柱段为一连续整体结构构件。在软件中须一次性添加其全部柱段，一次性翻样完成其全部柱段的配筋，不能在竖向高度上按柱段或楼层分为几截以几个构件计算。当按施工进度仅需部分楼层的柱钢筋时，在加工料单中选取所需楼层的柱。

（2）关联性的体现

柱构件中每一段落（或每一楼层）均承担着"自身配筋按照标准构造方式配置"的功能，同时也承担着"使相邻柱段配筋按标准构造配置"的功能，即当某一柱段的截面尺寸、配筋规格变化后，相邻柱段的配筋构造，自动根据这一柱段的变化按标准构造方式配筋。

2．水平构件梁

（1）整体性的体现

其自起始支座至终止支座的全部跨为一连续整体结构构件（包括悬挑端），在软件中须一次性添加其全部跨，一次性计算完成其全部跨及悬挑端的配筋，不能在水平方向按跨分成几段以几个构件计算。

（2）关联性的体现

梁构件中每一跨均承担着"自身配筋按标准构造方式配置"的功能，同时也承担着"使相邻跨配筋按标准构造方式配置"的功能，即当某一跨的截面尺寸、标高、配筋规格变化后，相邻跨的配筋构造，自动根据这一跨的变化按标准构造方式配筋。

3．竖向平面构件墙

剪力墙中，墙柱和墙身结构配筋构造不同，且翼墙、转角墙与两向墙身关联，为便于实现各自标准构造，软件将剪力墙分为"墙柱"和"墙身"两个构件计算。

1）墙柱

（1）整体性的体现

其自根部至顶部的全部标准段为一连续整体结构构件，在软件中须一次性添加其全部标准段，一次性翻样完成其全部标准段的配筋，不能在竖向高度上按段落或楼层分成几截以几个构件计算。当按施工进度仅需部分楼层墙柱钢筋时，在加工料单中选取所需楼层的墙柱。

当平法施工图中的墙柱按标准段划分，以不同编号分别表达在几张图纸中时，仍需将其在竖向高度上组合成一个整体结构构件，加入软件中。

（2）关联性的体现

墙柱构件中每一标准段(或每一楼层)均承担着"自身配筋按照标准构造方式配置"的功能，同时也承担着"使相邻标准段配筋按标准构造方式配置"的功能，即当某一标准段的截面尺寸、配筋规格变化后，相邻标准段的配筋构造，自动根据这一标准段的变化按标准构造方式配筋。

2）墙身

（1）整体性的体现

其水平方向上自起始支座至终止支座的全部跨、竖向高度上自底部至顶部的全部标准段为一整体结构构件，须一次性计算完成其全部跨、全部标准段的配筋，既不能在水平方向上分成几段，也不能在竖直方向上分成几截。

连梁、暗梁、边框梁、洞口及洞口加强筋(不包括洞口边缘加强暗柱，此暗柱在软件中为墙柱)均为墙身这一整体结构构件的组成部分，自身不能成为一个单独的整体结构构件，因此必须加入墙身构件中计算，不能单独计算。

（2）关联性的体现

墙身构件中每一标准段(或每一楼层)均承担着"自身配筋按照标准构造方式配置"的功能，同时也承担着"使相邻标准段配筋按标准构造方式配置"的功能。即当某一标准段的截面尺寸、配筋规格变化后，相邻标准段的配筋构造，自动根据这一标准段的变化按标准构造方式配筋。

作为"墙身"组成部分的"洞口"，在软件中承担着"洞口补强构造"和使墙身水平分布筋、竖向分布筋实现"边缘构件构造"的功能。因此，当下段墙身为实体墙身，而上段墙身全部变为洞口时，则在上段墙身布置洞口时仍需同时布置墙身水平分布筋和竖向分布筋，由洞口去完成墙身钢筋构造。

4．水平平面构件楼盖板

（1）整体性的体现

每一楼层的楼盖板即为一整体结构构件，因此软件中一个板构件即为一个楼层平面的整体楼盖板。由于楼盖板的平面布置随楼层结构平面变化而变化，在软件中，为使板配筋在板平面布置图中准确表达出来，需先绘制楼盖板平面布置图，之后在其上布筋。

楼板中洞口、后浇带等均为板整体结构构件的组成部分，需同时绘制在板平面布置图中，洞口补强钢筋、后浇带搭接留筋构造等均须在板构件中计算。

（2）关联性的体现

软件中板的"洞口"承担着"洞口边被切断钢筋端部构造、洞边加强钢筋构造"的功能，板的"后浇带"担负着"搭接留筋构造"功能，当在板中添加这些结构组成部分时，则可实现相关钢筋构造。

三、按"结构构件"概念理解 CAC 软件

手工钢筋翻样时，可以不必考虑结构构件整体性及配筋构造上的关联性，只要结果符合标准构造，怎样理解构件及其配筋都无可厚非。例如，根据本期施工进度，只将几个楼层的柱、墙配筋翻样出来，其他楼层的配筋则在下一进度中翻样。由此，柱、墙这些竖向高度上的整体结构构件，就被视为可分成几截分别计算的"楼层构件"；又如，根据截面的相似性，将剪力墙结构中"边框梁、连梁、框架梁"一并翻样，这些构件又被看作"截面构件"。

CAC 软件中的构件，是严格意义上、实质意义上的"结构构件"，使用软件时，不能按照手工翻样时"楼层构件"、"截面构件"等表面的看法去理解软件，这会使我们一开始就在构件的基本概念上误入歧途，对掌握软件十分不利，而是应从结构构件的角度去理解软件，方可轻松自如地掌握软件、使用软件。

施工中会遇到边设计边施工的情况，当上部楼层竖向构件的配筋未完成设计时，使用软件翻样，可在已设计楼层的层数上增加一层，以保持结构构件的整体性，增加层的钢筋暂不取用即可。当上部楼层设计完成后，可在软件中相应增加楼层，相应修改竖向构件起止标高，继续按设计的配筋进行翻样。

第三章　软件中的参数输入

（完成本章学习，约 10 分钟）

一、软件操作的主要事项是输入参数

钢筋下料计算过程中的主要事项，列在表Ⅲ–1 中，看看 CAC 软件为我们做了哪些。

表Ⅲ–1　钢筋下料计算过程中的主要事项

主要事项	手工计算	CAC 软件计算
取用参数	写下参数	输入参数
设定钢筋样式	自行设定	软件设定
下料尺寸计算	自行计算	软件计算
钢筋配料单	自行编辑	软件编辑
钢筋汇总计算	自行汇总	软件汇总
钢筋加工料单	自行编辑	软件编辑
钢筋算量	自行计算	软件计算

通过上表可以看出，使用 CAC 软件进行钢筋翻样下料计算，只有"输入参数"这一项需要我们亲自动手完成，其他如计算、汇总、编辑各种料单、算量的事项，统统是软件的事。因此，使用 CAC 软件的主要操作事项是"输入参数"。

二、钢筋下料计算的参数类别

钢筋下料计算中涉及的参数，按计算关系，可分为两类：一是计算依据参数，一是计算对象参数。这些参数需要我们在软件中设定或输入。

计算依据参数，是指钢筋标准构造、钢筋连接、钢筋加工、钢筋施工、钢筋自身、钢筋计算方法、钢筋优化设置中与本工程全部钢筋下料计算有关的参数，是具有通用性、基础性、控制性的参数。这些参数软件已为我们事先设定好，并可根据工程实际进一步修改。

计算对象参数，主要是施工图中工程结构信息、构件几何尺寸、配筋信息等参数，这是各个构件的钢筋翻样参数，需要我们逐一输入到软件中。

很显然，没有计算依据参数这个基础，则谈不上对计算对象参数进行计算。

三、减少参数输入工作量的参数默认值

上述各项参数，软件中均设置了默认值，这大大减少了参数输入工作量。

计算依据参数，在一打开软件时，就被软件设在各自页面，并且根据工程常用情况设置了默认值。我们只需在页面中查看核对，看看是否与工程实际相同，如果有不同，修改或重新设定一下。

而需要逐一输入的计算对象参数，软件也在工程、构件的参数页面设置了默认值。默认值的格式，就是所输参数的标准格式。因此，在软件中输入参数，实际上是一个修改参数默

认值的过程。

例如，软件中柱箍筋参数的默认值为 A8@100/200，如果实际为 A10@100/200，则在"8"的原位置将它改为"10"即可。

在 CAC 软件中，有几个参数符号需要我们记住，这就是钢筋级别参数。这是因为软件的钢筋参数默认值中，钢筋级别只有用 A 表示的 HPB235 和用 B 表示的 HRB335 两种，如果使用的是更高级别的钢筋，就需要按软件的设定来修改钢筋级别参数。

A 或 a 表示 HPB235、HPB300(11G101)；

B 或 b 表示 HRB335、HRBF335；

C 或 c 表示 HRB400；

D 或 d 表示 RRB400；

E 或 e 表示 CRB550。

四、高效完成参数输入的技巧

精通掌握并深刻理解软件的人，都有这样一个体会：即软件之所以高效，主要是在于它能充分利用已经输入完成的参数，从而可以减少无数重复参数的输入工作量。这是软件之所以数倍、数十倍于手工计算效率的根本原因所在。如果我们为"减少重复"设定一个理想指标，那么这个指标则是指同类重复参数无需输入第二遍。实现这种理想指标，不仅是使用软件的技巧，更是软件自身应必备的功能。CAC 软件实现了这种高效。

1．"复制、粘贴"功能

在 CAC 软件中，一个构件计算完成，再计算下一个同类构件时，不必从头开始输入其全部参数，而是利用已经完成构件中的相同参数。

操作方法很简单，即针对构件使用"复制"和"粘贴"功能。例如，KZ1 计算完成后，计算 KZ2 时，可能只有几项参数与 KZ1 不同，这时，不必重新输入 KZ2 参数，而是"复制"KZ1，然后"粘贴"，"粘贴"后按 KZ2 的参数设置修改一下"编号"、"数量"和"不同的参数"，KZ2 立刻计算完成。

软件中的"复制、粘贴"功能还可以扩大到"某一构件类别、某一楼层中的全部水平构件、工程中全部构件"，因此，可以这样理解软件中的参数输入操作：

构件层次：同类构件中只需输入第一个构件的全部参数，其他同类构件则"复制、粘贴"已完成构件。

楼层层次：标准层中的水平构件，只需计算出一个标准层的，其他层"复制、粘贴"。

工程层次：相似度高的工程中只需完整计算一个工程，其他工程则"复制、粘贴"已完成工程后修改。

在"工程"这一层次，软件的"复制、粘贴"功能还有另外一种实现方式——"工程导入"功能，即在软件中新建一个工程项目后，导入可以利用的已完成的工程项目。

2．"联动修改"功能

钢筋下料计算涉及的结构、钢筋、构造等众多数据中存在着"大量相同参数"，CAC 软件中，这些参数同样不需要一一输入。

CAC 软件根据这些"大量相同参数"之间的从大到小、从小到大、自上而下、自下而上的内在逻辑关系，设置了"联动修改"功能，输入这些参数时，相同参数只输入一次即可完成全部参数的输入。

例如一个几十层的工程，在结构总信息页面输入其各楼层柱、墙、梁、板的混凝土强度时，如果每一层每一类构件都输入一次，则需要上百次。而使用"联动修改"功能，则可一次输入完成相同混凝土强度的楼层，使总输入次数变成了几次。

"联动修改"出现在每一个含有"大量相同参数"的页面，使用软件时要注意使用这项功能，同时考虑数据间的逻辑关系，看看从哪一位置开始输入。

五、参数输入的顺序与过程

钢筋下料计算中的参数，前后关联、层次分明。CAC 软件中输入参数的过程，体现的正是参数间的这种关系，输入过程思路清晰、目的明确。这个过程可分为以下五步：

第一步：建立工程项目。

这一步非常简单，一打开软件，软件自动新建一个工程项目。一个工程项目下可能含有多个单位工程，因此工程项目下自动加入了两个"工程"，如果不够，还可再添加。

第二步：设定钢筋参数。

有了工程，即可设定与工程中全部钢筋计算有关的钢筋参数。这些参数已经设置在软件的"钢筋参数"菜单，打开查看，如与工程实际不同，进行修改。

第三步：输入结构楼层参数。

"工程"由"楼层"组成。将楼层的层号、结构层楼面标高、层高，以及各楼层的柱、墙、梁、板构件的混凝土强度、保护层厚度、抗震等级输入到"结构总信息"页面。

第四步：输入构件参数，完成钢筋翻样。

为各楼层添加构件，进行钢筋翻样计算。这一步又分为以下几步：

（1）添加构件

在各楼层中添加柱、梁、墙、板、楼梯等各种构件。贯穿各楼层的竖向构件柱、墙，软件按起、止标高一次从底层添加到顶层。

（2）输入构件的几何尺寸、配筋参数

添加构件之后，输入其几何尺寸、配筋信息等各种参数。

（3）设定与钢筋构造细节及优化配置有关的参数

包括钢筋接头位置的优化参数、各种构造细节参数。

（4）钢筋计算，出钢筋配料单

构件的全部参数输入完成，核对无误，点击"钢筋计算"按钮，软件按构造要求准确完成构件钢筋翻样，结果显示在构件钢筋配料单中。

第五步：进行钢筋加工计算，出钢筋断料单，进行钢筋算量。

各构件钢筋翻样完成后，输入库存钢筋及料头，并根据进度选择出所需构件钢筋，进行钢筋加工计算。计算时可开启"优化断料功能"，由软件在钢筋定尺长度及库存钢筋料头长度上，优化组合相同规格的钢筋，给出损耗率最低的钢筋断料单。同时，根据实际需要，按楼层、构件种类，汇总钢筋用量。

第四章 新建工程项目

（完成本章学习，约 10 分钟）

现在，我们使用 CAC 软件开始进行钢筋下料计算。第一步，新建工程项目。

一、新建工程项目

操作非常简单，一进入 CAC 软件，软件就自动新建了一个工程项目，工程项目下含有两个工程，见图 4-1。看左侧白色页面部分的"工程管理区"，其"钢筋翻样"选项卡中最上方一行为"工程项目"，其下方两行为"我的工程 1"、"我的工程 2"。

"我的工程 1"与"我的工程 2"性质完全相同，均属于"工程项目"。当一个"工程项目"由两个单位工程组成时，如"主楼"和"裙楼"，"我的工程 1"可用于"主楼"，"我的工程 2"可用于"裙楼"。如果由 3 个或 4 个工程组成，可再"添加"工程。

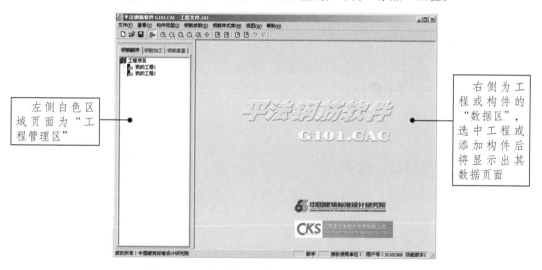

左侧白色区域页面为"工程管理区"

右侧为工程或构件的"数据区"，选中工程或添加构件后将显示出其数据页面

图 4-1 一进入软件的"工程项目"初始页面

二、保存工程文件

图 4-2 保存按钮

点击"保存"按钮，弹出"保存工程"窗口，选定"保存路径"（点"浏览"按钮）；在"工程名称"中输入本项目名称，点击"确定"。

使用软件时，注意随时保存，软件设有"自动备份"功能，在"工程文件"菜单中。

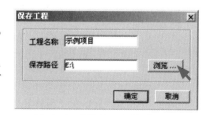

图 4-3 "保存工程"窗口

三、添加工程、删除工程

当需要在"工程项目"中添加"我的工程3"时，由于"我的工程3"同样属于"工程项目"，因此，需要在"工程项目"中"添加工程"。

添加方法：点击选中"工程项目"，按鼠标右键（注意是右键），弹出"添加工程"菜单，再用鼠标左键（注意这次是左键）点击菜单中"添加工程"，则"我的工程3"添加到"工程项目"下。同样的操作可继续添加"我的工程4"、"我的工程5"等。如图4-4所示。

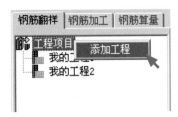 

图4-4 添加"我的工程3"

当需要删除"我的工程3"时，针对的是"工程"层次的具体内容，因此在"我的工程3"文字名称上，点击鼠标右键，弹出"右键菜单"，用鼠标左键点选菜单中"删除工程"，则"我的工程3"被删除。见图4-5。

图4-5 删除"我的工程3"

四、"工程项目"说明

在新建的"工程项目"中，可看到3个选项卡，分别为"钢筋翻样"、"钢筋加工"、"钢筋算量"，点击各个选项卡名称，显示出各自页面，见图4-6。

这3个选项卡的顺序，就是一个"工程项目"钢筋下料的全过程，首先是"钢筋翻样"，因此软件一建立"工程项目"，就将位置默认在"钢筋翻样"选项卡下。钢筋翻样完成后，进入"钢筋加工"选项卡中操作，接着进入"钢筋算量"选项卡中操作。完成这3个选项卡中的全部操作后，钢筋下料工作也就全部完成。

图4-6 "钢筋翻样"、"钢筋加工"、"钢筋算量"选项卡

第五章 设定钢筋参数

（完成本章学习，约 30 分钟）

新建工程项目后，需设定与钢筋、钢筋翻样、钢筋加工等有关的各种参数，软件依据这些钢筋参数，计算出符合工程实际的钢筋下料尺寸。

钢筋参数集中设在"钢筋参数"菜单中。

一、钢筋参数菜单

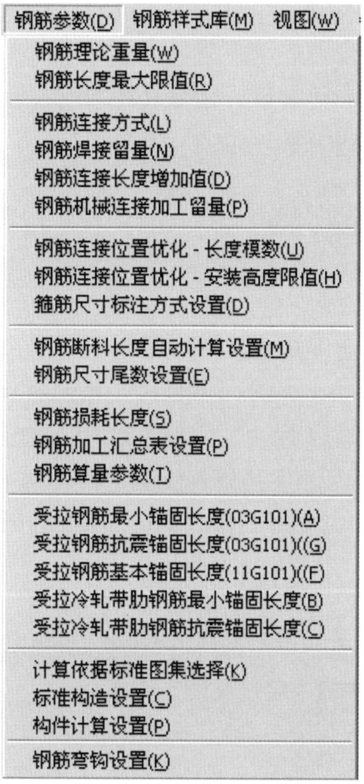

点击展开"钢筋参数"菜单，其中有 23 项钢筋参数，涉及 9 个方面（图 5-1）。

（1）与"钢筋重量"有关

第 1 行：钢筋理论重量。

（2）与"钢筋定尺长度"有关

第 2 行：钢筋长度最大限值。

（3）与"钢筋连接"有关

第 3、4、5、6、7、8 行：钢筋连接方式、钢筋焊接留量、钢筋连接长度增加值、钢筋机械连接加工留量、钢筋连接位置优化 – 长度模数、钢筋连接位置优化 – 安装高度限值。

（4）与"箍筋尺寸标注方式"有关

第 9 行：箍筋尺寸标注方式设置。

（5）与"钢筋断料加工"有关

第 10、11 行：钢筋断料长度自动计算设置、钢筋尺寸尾数设置。

（6）与"钢筋统计汇总"有关

第 12、13、14 行：钢筋损耗长度、钢筋加工汇总表设置、钢筋算量参数。

（7）与"钢筋锚固长度"有关

图 5-1 "钢筋参数"菜单

第 15、16、17、18、19 行：受拉钢筋最小锚固长度 (03G101)、受拉钢筋抗震锚固长度 (03G101)、受拉钢筋基本锚固长度 (11G101)、受拉冷轧带肋钢筋最小锚固长度、受拉冷轧带肋钢筋抗震锚固长度。

（8）与"G101 平法图集版本"有关

第 20 行：计算依据标准图集选择。

（9）与"钢筋构造形式"有关

第 21、22、23 行：标准构造设置、构件计算设置、钢筋弯钩设置。

说明：1. 软件中的以上参数，均根据工程常用数据设置了默认值。实际与默认值不同时，可修改。修改后参数只针对当前操作的"工程项目"。保存文件时，修改后参数随文件保存。新建工程文件时，钢筋参数恢复为默认值。

2. 柱、墙、梁、基础等构件参数中仍设有"钢筋连接方式"等参数，某一个别构件的参数与此处针对某一种类构件的参数设置不同时，在那里修改。

二、钢筋参数的说明与设定

点击"钢筋菜单"中各项钢筋参数名，弹出其参数窗口，各个窗口中的参数含义及设置方式说明如下。

图 5-2 "钢筋理论重量"窗口

1．钢筋理论重量

图 5-2，"钢筋理论重量"窗口中列出了直径 4 ～ 50mm 的钢筋理论重量。一般不需修改。如需修改，用鼠标点击相应单元格修改。

修改后，软件中的料单、明细表、汇总表中各项与重量有关的内容将自动更新。

提示：修改后，点击本窗口中"确定"按钮，以使数据确定下来（在每一钢筋参数窗口中修改参数后，均需点击"确定"按钮）。

2．钢筋长度最大限值

图 5-3，此窗口中列出"HPB235、HRB335"各种直径钢筋的"最大限长"，即钢筋定尺长度。在"最大限长"单元格中可修改长度。

"HRB400、RRB400、CRB500"钢筋这里未列出，如工程中用到，可添加。

添加方法：点击"添加钢筋类型"按钮，表格加入空行，在空行中点选所需"级别、直径"，在"最大限长"中输入定尺长度，图 5-4。

图 5-3 "钢筋长度最大限值"窗口

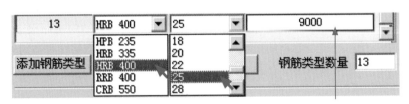

图 5-4 点选"级别" ——▶点选"直径" ——▶输入"定尺长度"

图 5-5 "钢筋连接方式"窗口

3. 钢筋连接方式

图 5-5，此窗口中针对需要连接的"梁上部通长筋、柱竖向钢筋、墙柱竖向钢筋、墙身竖向钢筋"设置了连接方式参数。

如需修改，点击各项下拉框，选定所需数据。注意最下一行关于"柱的机械连接接头"说明。

图 5-6 "钢筋焊接连接留量"窗口

4. 钢筋焊接留量（窗口名为"钢筋焊接连接留量"）

图 5-6，窗口表格中，设有直径 4 ～ 50mm 各级别钢筋的"闪光对焊"、"电渣压力焊"的连接留量。

如需修改，直接在单元格中修改。

提示：可启用"联动修改"功能。

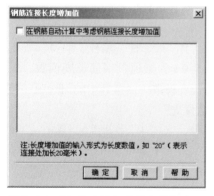

图 5-7A "钢筋连接长度增加值"窗口

5. 钢筋连接长度增加值

图 5-7A，搭接、焊接的钢筋，施工操作中难免有连接误差，为避免这些误差影响接头位置和接头长度，给这些钢筋增加长度，可避免这种不利影响。

软件默认"不考虑"连接长度增加值。如考虑，点击上方"在钢筋自动计算中考虑钢筋连接长度增加值"，使其勾选，窗口中出现表格（图 5-7B），含有柱、梁、墙身、墙柱的"绑扎搭接"、"单面搭接焊"、"双面搭接焊"钢筋的"连接长度增加值"，点击单元格修改。

钢筋连接长度增加值

☑ 在钢筋自动计算中考虑钢筋连接长度增加值

	绑扎搭接	单面搭接焊	双面搭接焊
柱	20	20	20
梁	20	20	20
墙身	20	20	20
墙柱	20	20	20

图 5-7B 选中"考虑钢筋连接长度增加值"后

图 5-8A "钢筋机械连接加工留量"窗口

	挤压套筒	锥螺纹套筒	直螺纹套筒
柱	10	10	10
梁	10	10	10
墙身	10	10	10
墙柱	10	10	10

图 5-8B 选中"考虑机械连接加工留量"后

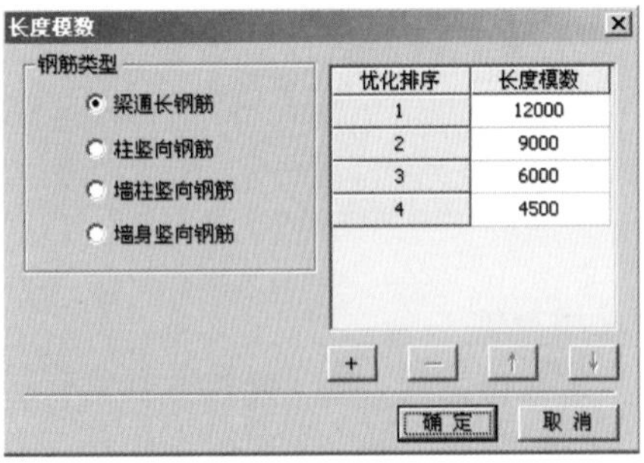

图 5-9A "长度模数"窗口（梁通长钢筋）

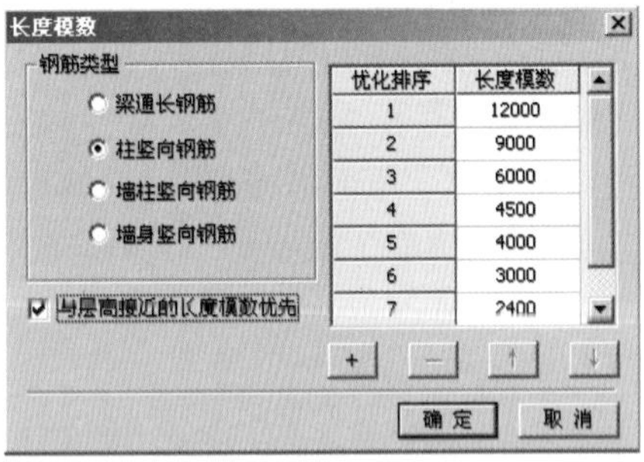

图 5-9B "长度模数"窗口（柱竖向钢筋）

6．钢筋机械连接加工留量

图 5-8A，机械连接的钢筋在加工接头时容易出现误差，为便于修正误差，也采用增加长度的方法。

软件默认"不考虑"，实际中如需"考虑"，点击上方"在钢筋自动计算中考虑钢筋机械连接加工留量值"，使其勾选，窗口中出现表格（图 5-8B），含有柱、梁、墙身、墙柱的"挤压套筒"、"锥螺纹套筒"、"直螺纹套筒"钢筋的加工留量值，点击单元格修改。

7．钢筋连接位置优化－长度模数

钢筋连接位置优化，即指在保证接头位于连接区范围内的同时，钢筋下料长度能充分利用钢筋定尺长度。当下料长度正好是定尺长度的倍数，如 1/2、1/3 倍时，则充分利用钢筋。这种倍数的钢筋长度在软件中称为"长度模数"。

窗口中默认设置了"梁、柱、墙柱、墙身"等钢筋的长度模数。图 5-9A 为梁通长钢筋长度模数，图 5-9B 为柱竖向钢筋长度模数（注意其中的勾选项"与层高接近的长度模数优先"）。

注：长度模数可修改。点"＋"按钮增加，点"－"按钮删除，点"↑"、"↓"按钮排序。

8. 钢筋连接位置优化 — 安装高度限值

图 5-10，看窗口上方"勾选项"说明："竖向钢筋的连接位置进行优化设置时，对连接点距离楼板的高度进行限制"。

软件中已勾选此项，默认为"限制"，安装高度限值可修改、添加、删除、排序。如"不限制"，点击"勾选项"取消"√"。

"安装高度限值"的作用为：软件在优化接头位置时，总是按照构造要求自动使接头设在连接区范围内。但是，当楼层层高较高时，设在连接区范围内的接头高度仍会过高，而高度过高的接头在施工中不易进行安装操作。

在此窗口中对安装高度"进行限制"，则是将接头连接点距离本层楼板的高度，限制在施工中容易进行安装操作的"高度限值"内。此为软件优化接头位置时的参考值，设定后，无论层高多高，优化后的接头连接点的高度，既保持在连接区范围内，又不会超过限值。例如图中将 4.5m 层高的纵筋接头连接点的安装高度限值修改为 2.7m。

注意：窗口表格中按层高默认设置的安装高度限值，如 3.000m 层高其安装高度限值为 3.000m 等，并不是指接头位置可以进入非连接区，软件优化计算出的接头位置仍是位于连接区范围内。

图 5-10 "安装高度限值"窗口

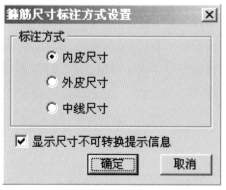

图 5-11 "箍筋尺寸标注方式设置"窗口

9. 箍筋尺寸标注方式设置

图 5-11，在这里设定箍筋尺寸的标注方式，包括内皮尺寸、外皮尺寸、中线尺寸。

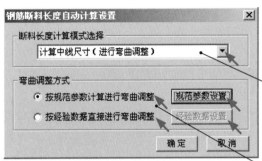

图 5-12 "钢筋断料长度自动计算设置"窗口

10. 钢筋断料长度自动计算设置

图 5-12，"计算模式"下拉框中，给出了三种方式，点选所需计算模式。

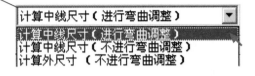

计算中线尺寸（进行弯曲调整）	▼
计算中线尺寸（进行弯曲调整）	
计算中线尺寸（不进行弯曲调整）	
计算外尺寸（不进行弯曲调整）	

"弯曲调整方式"有两种，一是"按规范"，二是"按经验"。

如点选"按规范"，则点击其后"规范参数设置"按钮，弹出"规范参数设置"窗口（图 5-13），在其中设定"钢筋弯折处弯弧内直径"及"钢筋端头弯钩弯后平直长度"，软件根据理论计算公式套用这些参数计算出断料长度。

规范参数设置

钢筋弯折处弯弧内直径

钢筋级别	钢筋直径	弯折角 ≤90°	90°< 弯折角 <180°	弯折角 =180°
HPB235	6～50	5d	4d	2.5d
HRB335	6～50	5d	4d	
HRB400	6～50	5d	4d	
RRB400	6～50	5d	4d	

钢筋端头弯钩弯后平直长度

弯钩角度	弯后平直长度	
90°	5	d
135°	10	d与75mm中较大值
180°	3	d

图 5-13 "规范参数设置"窗口

经验数据设置

○ 钢筋弯折处弯曲调整长度经验数据
○ 钢筋端头弯钩增加长度经验数据

钢筋弯折处弯曲调整长度经验数据（常用角度）

| HPB235 | HRB335 | HRB400 | RRB400 | | 更多角度 |

钢筋直径	弯折 30°	弯折 45°	弯折 60°	弯折 90°	弯折 135°
6	-0.3d	-0.55d	-0.9d	-2.29d	0.38d
6.5	-0.3d	-0.55d	-0.9d	-2.29d	0.38d
8	-0.3d	-0.55d	-0.9d	-2.29d	0.38d
8.2	-0.3d	-0.55d	-0.9d	-2.29d	0.38d
10	-0.3d	-0.55d	-0.9d	-2.29d	0.38d
12	-0.3d	-0.55d	-0.9d	-2.29d	0.38d
14	-0.3d	-0.55d	-0.9d	-2.29d	0.38d
16	-0.3d	-0.55d	-0.9d	-2.29d	0.38d
18	-0.3d	-0.55d	-0.9d	-2.29d	0.38d
20	-0.3d	-0.55d	-0.9d	-2.29d	0.38d
22	-0.3d	-0.55d	-0.9d	-2.29d	0.38d
25	-0.3d	-0.55d	-0.9d	-2.29d	0.38d
28	-0.3d	-0.55d	-0.9d	-2.29d	0.38d

□ 联动修改

注：经验数据的输入形式可为直径倍数或长度数值，如"0.3d"（表示0.3倍直径）或"6"（表示6毫米）。经验数据调整后，钢筋表单中的断料长度数值会自动调整更新。

如点选"按经验"，则点击其后"经验数据设置"按钮，弹出"经验数据设置"窗口（图 5-14），在其中按自己的经验设定"钢筋弯折处弯曲调整长度"及"钢筋端头弯钩增加长度"，设定后，软件按照"标注尺寸＋弯曲调整长度＋弯钩增加长度"计算断料长度。

图 5-14 "经验参数设置"窗口

11．钢筋尺寸尾数设置

图 5–15，软件计算出的钢筋长度，可精确到 1mm，实际下料时，大家习惯将长度值的尾数按 5mm、10mm 取整。不同的尾数值如何取整，在这个窗口中设置。

图 5–15“钢筋尺寸尾数设置”窗口

软件默认为“尾数显示原始数据”，即不取整。如“取整”，点击单选项“尾数自动调整为 0 或 5”，窗口中显示出表格（图 5–16）。一是“钢筋大样调整数”，即软件翻样出的各构件钢筋长度尾数，按此处的调整数取值；二是“断料长度调整数”，即软件进行“钢筋加工”计算后，计算出的钢筋断料长度尾数的调整数。

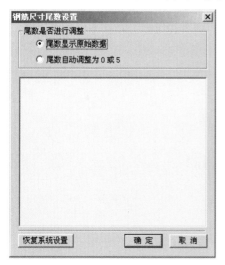

原始数据尾数	钢筋大样调整数	断料长度调整数
0	0	0
1	0	5
2	0	5
3	5	5
4	5	5
5	5	5
6	5	10
7	5	10
8	10	10
9	10	10

图 5–16 调整钢筋尺寸尾数

钢筋直径	HPB235	HRB335	HRB400	RRB400	CRB550
4	1000	1000	1000	1000	1000
4.5	1000	1000	1000	1000	1000
5	1000	1000	1000	1000	1000
5.5	1000	1000	1000	1000	1000
6	1000	1000	1000	1000	1000
6.5	1000	1000	1000	1000	1000
7	1000	1000	1000	1000	1000
7.5	1000	1000	1000	1000	1000
8	1000	1000	1000	1000	1000
8.2	1000	1000	1000	1000	1000
8.5	1000	1000	1000	1000	1000
9	1000	1000	1000	1000	1000
9.5	1000	1000	1000	1000	1000
10	1000	1000	1000	1000	1000
10.5	1000	1000	1000	1000	1000
11	1000	1000	1000	1000	1000

图 5–17 “钢筋损耗长度”窗口

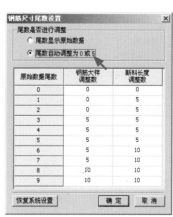

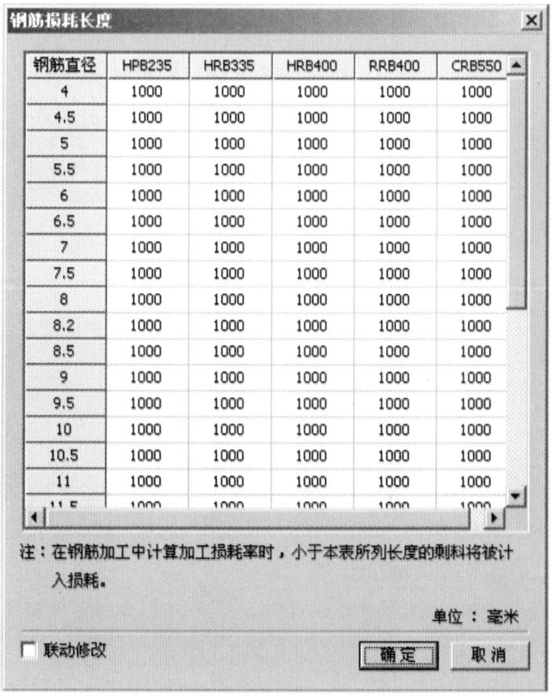

12．钢筋损耗长度

图 5–17，钢筋加工断料时，钢筋料头短于多少长度时算作“钢筋损耗长度”，在这个窗口中设置。

提示：可开启“联动修改”功能。

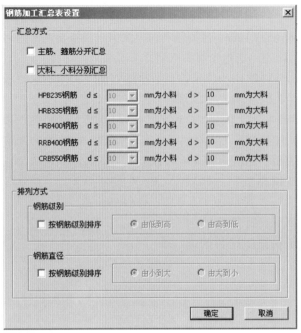

图 5-18 "钢筋加工汇总表设置"窗口

13. 钢筋加工汇总表设置

图 5-18，在软件给出的"钢筋加工汇总表"中，钢筋以何种方式汇总、以何种方式排列，在这个窗口中设置。

图 5-19 "钢筋算量参数"窗口

14. 钢筋算量参数

图 5-19，汇总钢筋用量时，直径如何选择，是否计算损耗，定额损耗率多少，汇总方式如何，在此窗口设定。

15. 16. 17. 18. 19. 钢筋锚固长度

图 5-20 ~ 图 5-24 为 03G101、11G101 系列平法图集中的锚固长度，分别为：受拉钢筋最小锚固长度 (03G101)、受拉钢筋抗震锚固长度 (03G101)、受拉钢筋基本锚固长度 (11G101)、受拉冷轧带肋钢筋最小锚固长度、受拉冷轧带肋钢筋抗震锚固长度。

提示：当结构设计总说明中对最小锚固长度或基本锚固长度有特殊设计时，可点击表格中各项锚固长度的单元格进行修改。

受拉钢筋最小锚固长度 la

钢筋种类		C20		C25		C30		C35		≥C40	
		d≤25	d>25	d≤25	d>25	d≤25	d>25	d≤25	d>25	d≤25	d>25
HPB235	普通钢筋	31d	31d	27d	27d	24d	24d	22d	22d	20d	20d
HRB335	普通钢筋	39d	42d	34d	37d	30d	33d	27d	30d	25d	27d
HRB335	环氧树脂涂层钢筋	48d	53d	42d	46d	37d	41d	34d	37d	31d	34d
HRB400 RRB400	普通钢筋	46d	51d	40d	44d	36d	39d	33d	36d	30d	33d
	环氧树脂涂层钢筋	58d	63d	50d	55d	45d	49d	41d	45d	37d	41d

注：1. 当钢筋在混凝土施工过程中易受扰动（如滑模施工）时，其锚固长度应乘以修正系数1.1；
　　2. 在任何情况下，锚固长度不得小于250mm。

☑ 设定值小于默认值时，进行提示

图 5-20　受拉钢筋最小锚固长度 (03G101)

受拉钢筋抗震锚固长度 laE

钢筋种类与直径	混凝土强度等级与抗震等级		C20		C25		C30		C35		≥C40	
			一、二级抗震等级	三级抗震等级	一、二级抗震等级	三级抗震等级	一、二级抗震等级	三级抗震等级	一、二级抗震等级	三级抗震等级	一、二级抗震等级	三级抗震等级
HPB235	普通钢筋		36d	33d	31d	28d	27d	25d	25d	23d	23d	21d
HRB335	普通钢筋	d≤25	44d	41d	38d	35d	34d	31d	31d	29d	29d	26d
		d>25	49d	45d	42d	39d	38d	34d	34d	31d	32d	29d
	环氧树脂涂层钢筋	d≤25	55d	51d	48d	44d	43d	39d	39d	36d	36d	33d
		d>25	61d	56d	53d	48d	47d	43d	43d	39d	39d	36d
HRB400 RRB400	普通钢筋	d≤25	53d	49d	46d	42d	41d	37d	37d	34d	34d	31d
		d>25	58d	53d	51d	46d	45d	41d	41d	38d	38d	34d
	环氧树脂涂层钢筋	d≤25	66d	61d	57d	53d	51d	47d	47d	43d	43d	39d
		d>25	73d	67d	63d	58d	56d	51d	51d	47d	47d	43d

注：1. 四级抗震等级，laE=la；
　　2. 当钢筋在混凝土施工过程中易受扰动（如滑模施工）时，其锚固长度应乘以修正系数1.1；
　　3. 在任何情况下，锚固长度不小于250mm。

☑ 设定值小于默认值时，进行提示

图 5-21　受拉钢筋抗震锚固长度 (03G101)

受拉钢筋基本锚固长度 lab、labE

钢筋种类	抗震等级	C20	C25	C30	C35	C40	C45	C50	C55	≥C60
HPB300	一、二级(labE)	45d	39d	35d	32d	29d	28d	26d	25d	24d
	三级(labE)	41d	36d	32d	29d	26d	25d	24d	23d	22d
	四级(labE) 非抗震(lab)	39d	34d	30d	28d	25d	24d	23d	22d	21d
HRB335 HRBF335	一、二级(labE)	44d	38d	33d	31d	29d	26d	25d	24d	24d
	三级(labE)	40d	35d	31d	28d	26d	24d	23d	22d	22d
	四级(labE) 非抗震(lab)	38d	33d	29d	27d	25d	23d	22d	21d	21d
HRB400 HRBF400 RRB400	一、二级(labE)	--	46d	40d	37d	33d	32d	31d	30d	29d
	三级(labE)	--	42d	37d	34d	30d	29d	28d	27d	26d
	四级(labE) 非抗震(lab)	--	40d	35d	32d	29d	28d	27d	26d	25d
HRB500 HRBF500	一、二级(labE)	--	55d	49d	45d	41d	39d	37d	36d	35d
	三级(labE)	--	50d	45d	41d	38d	36d	34d	33d	32d
	四级(labE) 非抗震(lab)	--	48d	43d	39d	36d	34d	32d	31d	30d

注：1. HPB300级钢筋末端应做180°弯钩，弯后平直段长度不应小于3d，但作受压钢筋时可不做弯钩。
　　2. 当锚固钢筋的保护层厚度不大于5d时，锚固钢筋长度范围内应设置横向构造钢筋，其直径不应小于d/4（d为锚固钢筋的最大直径）；对梁、柱等构件间距不应大于5d，对板、墙等构件间距不应大于10d，且均不应大于100（d为锚固钢筋的最小直径）。

☑ 设定值小于默认值时，进行提示

图 5-22　受拉钢筋基本锚固长度 (11G101)

图 5-23 受拉冷轧带肋钢筋最小锚固长度

图 5-24 受拉冷轧带肋钢筋抗震锚固长度

图 5-25 "计算依据标准图集选择"窗口

20. 计算依据标准图集选择

图 5-25，此窗口中含有 03G101、11G101 两个系列平法标准图集选项。在此选定实际工程所选用的图集系列。选定后，软件翻样出的钢筋构造，将按所选定图集的构造。

21. 标准构造设置

图 5-26A，此窗口中含有平法图集中框架柱、剪力墙的各种标准构造图。

可设置的参数为构件图像中的"绿色字"参数（图 5-26B），双击绿色字参数，在弹出的窗口进行设置。点击图像上方的功能按钮，图像可放大、缩小。

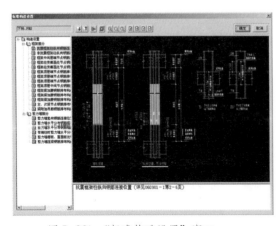

图 5-26A "标准构造设置"窗口

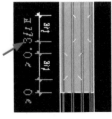

图 5-26B 可设置的参数

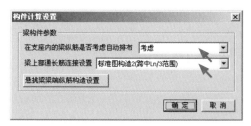

图 5-27 "构件计算设置"窗口

22. 构件计算设置

图 5-27，在这里设置与梁钢筋计算有关的规则。(1)在支座内的梁纵筋是否考虑自动排布;(2)梁上部通长筋连接设置; (3)悬挑梁梁端纵筋构造设置。

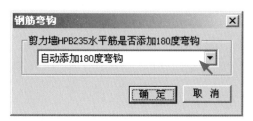

图 5-28 "钢筋弯钩"窗口

23. 钢筋弯钩设置

图 5-28，设定剪力墙的 HPB235(或 HPB300)级水平筋是否添加 180 度弯钩。

本章小结

通过上面内容可以看出，CAC 软件细致考虑了下料中钢筋的种种细节，这是正确进行钢筋翻样和钢筋加工计算的基础。在钢筋翻样前，根据工程实际将有关参数设定好，不要在构件的钢筋翻样完成之后再来设置此处数据。

再次提示：重设钢筋参数后，一定要点击参数所在窗口的"确定"按钮，以使参数确定下来。

第六章　输入结构总信息

（完成本章学习，约 30 分钟）

钢筋参数设定完成之后，接下来为各个"工程"输入结构信息参数（即楼层结构信息），包括：

（1）结构层参数，即结构层号、结构层楼面标高、结构层高；

（2）各结构层柱、墙、梁、板构件的混凝土强度、保护层厚度；

（3）各结构层柱、墙、梁构件的抗震等级；

（4）此外，还可输入工程的"编制信息"。

这一步输入的混凝土强度、保护层厚度、抗震等级，针对的是各楼层中的全部构件，具体计算到某一构件时，构件参数中仍含有这三项参数，如某项参数与这一步输入的不同，可在构件参数中另行修改。

一、结构总信息输入页面

点击"我的工程 1"，右侧页面显示出它的"结构总信息"数据页面，见图 6-1。

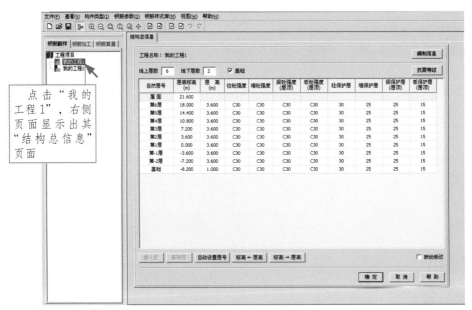

图 6-1　"我的工程 1"结构总信息输入页面

软件默认创建了一个地上 6 层、地下 2 层的结构总信息。前 3 列为层号、结构层楼面标高、层高；后 8 列为各结构层柱、墙、梁、板的混凝土强度、保护层厚度，每一项信息均有一个默认值，我们输入结构信息参数的过程就是修改默认值的过程。

点击右上角的"抗震等级"按钮（图6-2），弹出"抗震等级"窗口（图6-3），其中含有各结构层的柱、墙、梁的"抗震等级"（注：板为非抗震构件，此处不设板）。看过这个窗口后，点击窗口下方的"取消"按钮，使其关闭，以便于进行下面的操作。

图6-2 "抗震等级"按钮

注意：软件在这里为柱、墙、梁默认了"二级"抗震等级，如果是"非抗震"结构，一定不要忘记在这里修改为"非抗震"。

图6-3 "抗震等级"窗口

二、输入结构层层号、标高、层高

表Ⅵ-1 结构层信息示例表

层号	标高（m）	层高（m）
屋面	23.07	
塔层（屋面1）	19.47	3.60
5	15.87	3.60
4	12.27	3.60
3	8.67	3.60
2	4.47	4.20
1	-0.03	4.50
-1	-4.53	4.50
基础	-5.73	1.20

我们将示例表Ⅵ-1的"结构层信息"输入到"结构总信息"页面。

提示：前面讲过，软件中数据输入的操作原则，是尽量减少重复参数的输入操作。因此，表Ⅵ-1中的参数不需逐一手工输入。

1. 输入结构层数

操作很简单，见图6-4，直接在结构总信息表上方的"地上层数"、"地下层数"中输入层数。是否加入"基础"，则要看基础是否为钢筋混凝土结构，或者是否含有钢筋。如果是，在"基础"单选项前面的小方框中点击，使其带上"√"，则"基础"被软件自动列入表中。

示例表Ⅵ-1中，地上层数为6层，地下层数为1层。我们在"地上层数"输入框中输入"6"，"地下层数"输入框中输入"1"，点击"基础"前小方框，使其带上"√"。见图6-4。

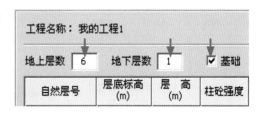

图6-4 输入"地上层数、地下层数、基础"

工程名称：我的工程1		
地上层数 6	地下层数 1	
自然层号	层底标高 (m)	层 高 (m)
屋面	21.600	
第6层	18.000	3.600
第5层	14.400	3.600
第4层	10.800	3.600
第3层	7.200	3.600
第2层	3.600	3.600
第1层	0.000	3.600
第-1层	-3.600	3.600
基础	-8.200	1.000

图 6-5 新生成的结构层信息

输入完成后，在页面内任意位置点一下鼠标，"结构总信息"表中显示出一个"地上6层、地下1层、带有基础"的结构总信息。"屋面"为软件自动加入，见图6-5。

地上层数 6	地下层数 1	
自然层号	层底标高 (m)	层 高 (m)
屋面	21.600	
塔层(屋面1)	18.000	3.600
第5层	14.400	3.600
第4层	10.800	3.600
第3层	7.200	3.600
第2层	3.600	3.600
第1层	0.000	3.600
第-1层	-3.600	3.600
基础	-8.200	1.000

图 6-6 修改"层号"

2．修改"层号、标高、层高"

修改"层号"：图6-6，点击一下需要修改层号的单元格，如"第6层"，单元格底色变成蓝色，直接使用键盘输入新内容"塔层(屋面1)"，输入的文字将替换原来内容。另一种方式，点击两下"第6层"单元格，单元格中出现一闪一闪的光标，然后删除原文字输入新文字。软件单元格中的数据均以这两种方式修改。

最上一层的"屋面"层号不能修改，这种"灰底色"单元格中的文字均被软件设为固定，不让操作者另行修改。

地上层数 6	地下层数 1	
自然层号	层底标高 (m)	层 高 (m)
屋面	23.070	
塔层(屋面1)	19.470	3.600
第5层	15.870	3.600
第4层	12.270	3.600
第3层	8.670	3.600
第2层	4.470	4.200
第1层	-0.030	4.500
第-1层	-4.530	4.500
基础	-5.730	1.200

只输入"第1层"标高，以上各层由软件算出

输入各层"层高"，然后点击"标高←层高"按钮

图 6-7 修改"标高"、"层高"

修改"标高"和"层高"：层高和标高可以互相计算出来，这种计算就交给软件，我们只输入其中一项。

"层高"参数比较简单，一般选择输入此项。但同时必须将"第1层"的"标高"输入，软件按此层标高计算其他各层标高。

按表Ⅵ-1的参数，输入各层层高及第1层标高（图6-7），完成后，点击表格下方的"标高←层高"按钮（见图6-8），注意"箭头"方向，是从右向左，则各层"标高"由软件计算出来显示在表中。

至此，标高、层高输入完成。

图 6-8 页面下方的"标高←层高"、"标高→层高"按钮（注意箭头方向）

三、输入柱、墙、梁、板的混凝土强度、保护层厚度

看图6-9蓝色框中软件默认的的柱、墙、梁、板的混凝土强度、保护层，其中"梁"、"板"注明有"（层顶）"，即指本结构层顶部的梁、板。

工程名称：我的工程1									编制信息
地上层数 6　地下层数 1　☑基础									抗震等级

自然层号	层底标高 (m)	层 高 (m)	柱砼强度	墙砼强度	梁砼强度 （层顶）	板砼强度 （层顶）	柱保护层	墙保护层	梁保护层 （层顶）	板保护层 （层顶）
屋面	23.070									
塔层(屋面1)	19.470	3.600	C30	C30	C30	C30	30	25	25	15
第5层	15.870	3.600	C30	C30	C30	C30	30	25	25	15
第4层	12.270	3.600	C30	C30	C30	C30	30	25	25	15
第3层	8.670	3.600	C30	C30	C30	C30	30	25	25	15
第2层	4.470	4.200	C30	C30	C30	C30	30	25	25	15
第1层	-0.030	4.500	C30	C30	C30	C30	30	25	25	15
第-1层	-4.530	4.500	C30	C30	C30	C30	30	25	25	15
基础	-5.730	1.200	C30	C30	C30	C30	30	25	25	15

图6-9 混凝土强度、保护层的输入位置

"混凝土强度"和"保护层厚度"这两项参数，针对的是各结构层某类构件的全部，单一构件参数中仍含有这两项，如与此处不同可在那里另行修改。一般情况下，混凝土强度很少需要另行修改，因此这里就要输入准确；而保护层厚度，却会因环境类别、钢筋排布层次等原因，另行修改的情况较多，在这里输入时，或输入常用数值，或输入平法图集中保护层最小厚度。

我们将示例表Ⅵ–1中柱、墙、梁、板的混凝土强度设定为：

柱：第–1层C40，第1～3层C40，第4～6层C30；

墙：第–1层C40，第1～3层C40，第4～6层C30；

梁：第–1层C30，第1～3层C30，第4～6层C25；

板：第–1层C30，第1～3层C30，第4～6层C25。

输入混凝土强度：可使用"联动修改"功能，看页面右下角"联动修改"（图6-10）。点击"联动修改"，前面小方框加入"√"，表示此项功能开启。

图6-10 勾选"联动修改"简化输入

自然层号	层底标高 (m)	层 高 (m)	柱砼强度
屋面	23.070		
塔层(屋面1)	19.470	3.600	C30
第5层	15.870	3.600	C30
第4层	12.270	3.600	C30
第3层	8.670	3.600	C30
第2层	4.470	4.200	C30
第1层	-0.030	4.500	C30
第-1层	-4.530	4.500	C30 ▼
基础	-5.730	1.200	C30 C35 C40 C45 C50 C55

以"柱"为例输入"混凝土强度"参数（图6-11）。点击"第–1层"的"柱砼强度"单元格，弹出下拉框，将光标移动到"C40"选项，点击，"C40"进入单元格中。再在任意单元格（如本列上一行单元格）中点击一下，可看到，从"第–1层"到"塔层（屋面1）"的"柱砼强度"全部改为"C40"。

接着，在"第4层"的"柱砼强度"单元格中点选"C30"，"第4层"至"第6层"全部改为"C30"。

图6-11 输入修改混凝土强度

同样操作，完成墙、梁、板的"砼强度"输入。

输入保护层厚度：与输入"砼强度"操作方式一样，从"第 -1 层"开始，在相应单元格中点选所需数值输入 (本示例均按 11G101 保护层最小厚度)，图 6-12。

工程名称：1号楼主楼									编制信息

地上层数 6　地下层数 1　☑ 基础　　　　　　　　　　　　　抗震等级

自然层号	层底标高(m)	层高(m)	柱砼强度	墙砼强度	梁砼强度(层顶)	板砼强度(层顶)	柱保护层	墙保护层	梁保护层(层顶)	板保护层(层顶)
屋面	23.070									
塔层(屋面1)	19.470	3.600	C30	C30	C25	C25	20	15	20	15
第5层	15.870	3.600	C30	C30	C25	C25	20	15	20	15
第4层	12.270	3.600	C30	C30	C25	C25	20	15	20	15
第3层	8.670	3.600	C40	C40	C30	C30	20	15	20	15
第2层	4.470	4.200	C40	C40	C30	C30	20	15	20	15
第1层	-0.030	4.500	C40	C40	C30	C30	20	15	20	15
第-1层	-4.530	4.500	C40	C40	C30	C30	20	15	20	15
基础	-5.730	1.200	C30	C30	C30	C30	30	25	25	15

图 6-12 混凝土强度、保护层全部输入完成

四、输入柱、墙、梁的抗震等级

如果是抗震结构，则点击"抗震等级"按钮（图 6-13），在弹出的"抗震等级"窗口输入各类构件的抗震等级（图 6-14）。操作方法，与输入"砼强度"一致。输入后点本窗口"确定"按钮使数据确定。输入结果如图 6-14 所示。

图 6-13 点"抗震等级"按钮

自然层号	柱抗震等级	墙抗震等级	梁抗震等级(层顶)
屋面			
第6层	一级	一级	二级
第5层	一级	一级	二级
第4层	一级	一级	二级
第3层	一级	一级	二级
第2层	一级	一级	二级
第1层	一级	一级	二级
第-1层	一级	一级	二级
第-2层	一级	一级	二级
基础	非抗震	非抗震	非抗震

☐ 联动修改

确定　取消　帮助

图 6-14 输入修改抗震等级

五、确定所输入参数

"结构总信息"全部输入完成，经检查无误，此时一定要点击页面右下角的"确定"按钮（图 6-15），点击后，"确定"按钮左侧显示出"【结构总信息数据已被确定！】"，这时工程管理区"我的工程 1"位置下方，显示出"基础"到"塔层 (屋面 1)"各楼层层号，见图 6-16。

注意：只要对结构总信息进行了修改，就点击"确定"按钮，以使数据确定。

标高→层高　　　　　　　　☑ 联动修改

【结构总信息数据已被确定！】　确定　取消　帮助

图 6-15 点击"确定"按钮，确定结构总信息数据

图 6-16 "我的工程 1"加入楼层信息

图 6-17 "第 1 层"中软件设的"构件夹"

点击一下"第 1 层"前面的"＋"号小方框（或者双击"第 1 层"），可看到，在"第 1 层"下显示出"梁、柱、剪力墙、板、楼梯"等"构件夹"（图 6-17）。

下一步，我们将在这些"构件夹"中添加进各个构件，以完成其钢筋翻样。

至此，"我的工程 1"的"结构总信息"参数全部输入完成。注意进行文件保存。

本章附录

1. 目录树的管理方式

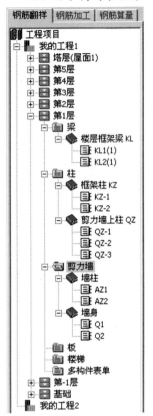

附图 6-1 工程管理区的目录树

软件中，为了将"工程项目"下位于不同"工程"、不同"楼层"中的"各个构件"条理清楚地组织起来，采用了目录树方式。按层次自上而下分为"项目→工程→楼层→构件类别→构件种类→编号构件"。下一层次的内容归属于上一层次。见附图 6-1。记住，一共有"6 个"层次。

表达方式上，"上一层次"文字位置位于左侧，通过"竖向转横向的联系线"表明与下一层次的联系。当某一层次含有下一层次内容时，该"层次名称"之前，显示出带有"＋"号的小方框，点击这个小方框（或者双击该层次名称），就可展开该层次，显示其所含的下一层次内容。同时，小方框里的"＋"号变为"－"号，表示该层全部展开。

进行钢筋下料时，需要对"项目"之下的各层次进行"添加"、"删除"、"复制"、"粘贴"等操作，这里先说明一下这些操作的处理思路，"添加"是为"上一层次"添加内容，因此需针对"上一层次"进行操作。"删除"则是针对"本层次"中的内容进行删除，因此直接针对"本层次中某项"。同理，"复制"是复制本层次中的内容，针对"本层次"操作；"粘贴"则是将"复制的本层次内容"纳入上一层次中，因此，针对"上一层次"操作。

具体操作方法，参见第四章"添加工程、删除工程"的操作。

2. 输入工程编制信息

为"我的工程 1"、"我的工程 2"输入编制信息。具体操作：点击"我的工程 1"结构总信息页面右上角的"编制信息"按钮（见附图 6-2），弹出"编制信息"窗口（附图 6-3），在其中输入各项信息，点击"确定"按钮，之后再点击结构总信息页面下方的"确定"按钮（附图 6-4），可看到页面左侧的"我的工程 1"的名称变为"1 号楼主楼"（附图 6-5）。

附图 6-2 点击"编制信息"按钮

附图 6-3 在"编制信息"窗口输入各项信息

附图 6-4　必须点击"结构总信息"页面的"确定"按钮

附图 6-5　"我的工程 1"名称改为"1 号楼主楼"

3．注意事项：确保本步骤的参数输入正确

这一步一定要确保输入的数据正确。这一步输入的各项数据，是构件钢筋翻样时"钢筋计算"的依据，进行到构件的钢筋翻样时，将被自动调用。

如果在这一步参数输入错误而没有被发现，而是到构件钢筋翻样完成之后才发现，那时再修改，已经计算完成的各个构件"不会"自动进行重新计算，还需我们进入各个构件页面点击"钢筋计算"按钮重新计算，这就比较麻烦了。因此，使用软件时，一定要养成这样一种好习惯，即在进行下一步之前，确保上一步输入的数据正确。

第七章 柱钢筋翻样

（完成本章学习，约 60 分钟）

我们从"柱"开始，讲解使用 CAC 软件完成构件钢筋翻样。

一、软件中柱的种类

平法图集中，柱包括框架柱 KZ、框支柱 KZZ、梁上柱 LZ、墙上柱 QZ，软件对应设有这四类柱，见图Ⅶ–1，其钢筋翻样过程相同，本教程以"框架柱 KZ"为例讲解。

图Ⅶ–1 软件中柱的种类

二、软件中柱的钢筋翻样思路

（1）柱自根部至顶端的全部段落为一整体竖向结构构件，其配筋，自根部锚固端至顶部封闭端为一配筋整体。在软件中对柱进行翻样时，一次性完成其竖向高度上全部段落全部配筋的钢筋翻样，不能在竖向高度上将其分成几截以几个构件分别计算，柱高度参数为自根部起始标高一直到顶端终止标高。

（2）柱纵筋的连接、变截面、上下柱段配筋不同、柱顶封闭、柱根部锚固、柱梁节点箍筋、箍筋加密等各种钢筋构造，均由软件自动完成。当按施工进度只需选取部分楼层的钢筋时，则在加工料单中选取部分楼层的柱。

（3）当柱段含有芯柱，且芯柱终止标高"低于"所在柱段终止标高时，含芯柱的柱段下部，则因芯柱配筋的加入而与柱段上部的配筋不同，根据"截面或配筋不同"这一结构概念中划分柱段的依据，在软件中为芯柱所在的柱段下部单独划分一个柱段。

三、软件中柱的钢筋翻样过程

柱的钢筋翻样，从在"工程管理区"某一楼层的"柱构件夹"中"添加柱"开始，之后在构件参数页面输入各项参数，之后进行"钢筋计算"。

这个过程分为以下几个步骤：

第一步：添加柱；

第二步：划分柱段；

第三步：输入柱截面尺寸、配筋信息；

第四步：输入各层柱梁节点位置四条边上的梁高、高差；

第五步：设置与柱构造细节及配筋优化有关的各项参数（包括：柱钢筋接头位置的优化参数、插筋、锚固长度修正等有关参数）；

第六步：点击"钢筋计算"按钮，完成钢筋翻样。

以上步骤中，有两个需要注意的问题：

（1）添加柱时，完全相同柱的数量问题。

翻样时，完全相同的柱，自然没有必要一根根计算，添加一根柱时给出一个"根数"就可同时计算。但需要注意的是：相同编号的柱，并不一定是"完全相同的柱"。编号相同时，边柱和中柱的柱顶钢筋构造不同；柱梁节点处梁高、高差不同时，节点内箍筋的数量不同，柱净高范围内箍筋加密区高度也不同。因此，同一编号柱，可能还需分成几批。

（2）本构件特殊的结构参数、标准构造设置、钢筋参数。

各构件通用的结构参数、钢筋参数等，之前已在"钢筋参数"、"结构总信息"页面设定，如果所计算柱中某项参数与之前设定的不同，在柱的相应参数页面重新设定。

四、【实例】框架柱钢筋翻样

图Ⅶ-2及表Ⅶ-1中KZ1示例，来自11G101平法图集11页列表注写的例子，标高参数根据前面添加的"示例项目"作了修改。翻样中涉及的有关细节参数，到那一步时给出。

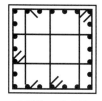

| $-4.530 \sim 8.670$ | $8.670 \sim 15.870$ | $15.870 \sim 23.070$ |

图Ⅶ-2 KZ1的各个柱段

表Ⅶ-1 框架柱示例（KZ1柱段、截面尺寸、偏心尺寸、配筋、芯柱XZ1）

柱号	标高	$b \times h$	b_1	b_2	h_1	h_2	全部纵筋
KZ1	$-4.530 \sim 8.670$	750×700	375	375	150	550	24Φ25
	$8.670 \sim 15.870$	650×600	325	325	150	450	
	$15.870 \sim 23.070$	550×500	275	275	150	350	
XZ1	$-4.530 \sim 4.470$						8Φ25

柱号	标高	角筋	b边一侧中部筋	h边一侧中部筋	箍筋类型号	箍筋	备注
KZ1	$-4.530 \sim 8.670$				1（5×4）	Φ10@100/200	
	$8.670 \sim 15.870$	4Φ22	5Φ22	4Φ20	1（4×4）	Φ10@100/200	
	$15.870 \sim 23.070$	4Φ22	5Φ22	4Φ20	1（4×4）	Φ8@100/200	
XZ1	$-4.530 \sim 4.470$					按标准构造详图	③×B轴KZ1中设置

现在，在软件中对 KZ1 进行钢筋翻样。

1．第一步：添加框架柱

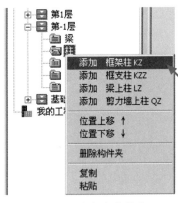

图 7-1 添加框架柱操作

看图 7-1，根据表Ⅶ-1，KZ1 起始标高为 -4.53，即"第 -1 层"楼面标高。因此，在"第 -1 层"中添加。

双击"第 -1 层"，"第 -1 层"展开，显示出各构件夹。用鼠标右键（注意：是右键）点击"柱"构件夹，弹出右键菜单，最上一行为"添加 框架柱 KZ"，左键点击这一行，弹出"添加柱编号"窗口，见图 7-2。点击"添加柱"按钮，弹出"添加柱"对话框，见图 7-3。

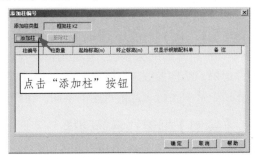

图 7-2 "添加柱编号"窗口

图 7-3 "添加柱"窗口

"添加柱"对话框中只有一项参数"柱根数"。

提示：这里需要注意的就是 KZ-1 被分为几批"完全相同柱"。

KZ1 "备注"中"③×B 轴"位置设"芯柱 XZ1"，说明含 XZ1 的 KZ1 有"1"根（如果再考虑边柱、中柱区别，KZ1 可能要被分成 3 批）。输入含 XZ1 的 KZ1 数量"1"，点"确定"按钮，则"添加柱编号"窗口加入 1 根"KZ-1"，见图 7-4。软件默认的"起始标高"为基础顶面"-4.53"，"终止标高"为屋面标高"23.07"。

注意：此窗口中的 6 项参数，在软件中为"构件属性"，构件添加完成后如发现有误，需通过"编辑属性"命令修改（"编辑属性"命令的操作见本教程第 45 页）。

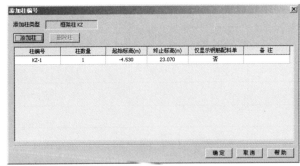

图 7-4 "添加柱编号"窗口加入"KZ-1"

根据表Ⅶ-1 中的数据，输入（即修改）KZ-1 的参数，见图 7-5。

"柱编号"：软件中各个柱的"柱编号"不能相同，如果添加第二批 KZ1，就不能使用

"KZ-1"编号,为此可在 KZ-1 编号中加入文字。双击"KZ-1"单元格,光标进入其中,在"KZ-1"后可输入我们设定的顺序号,如"5#"。

"起始标高":本示例为"-4.53",不必修改。

"终止标高":本示例为"23.07",不必修改。

"仅显示钢筋配料单":含义为,构件翻样完成后,有三个表单可显示,为钢筋配料单、数据反转(即构件几何尺寸和配筋信息表)、钢筋位置图,选择"否",三个表单都显示;选"是",只显示钢筋配料单。本示例选择"否"。操作方法:点击单元格选择"否"。

"备注",输入"3*B 轴含 XZ1",输入的文字将显示在钢筋配料单的构件名称行。

添加柱	删除柱				
柱编号	柱数量	起始标高(m)	终止标高(m)	仅显示钢筋配料单	备 注
KZ-1-5#	1	-4.530	23.070	否	3*B轴含XZ1

图 7-5 修改后的 KZ-1 参数

图 7-6 "第 1 层"中加入"KZ-1-5#"

点"确定"按钮,屏幕左侧"第1层"的"柱"下加入了"框架柱 KZ"子构件夹及"KZ-1-5#"编号,见图7-6。同时,至 23.07 标高的各楼层也加入"KZ-1-5#"。

点击"KZ-1-5#",页面右侧数据区显示其图像和参数输入表格(图 7-7)。

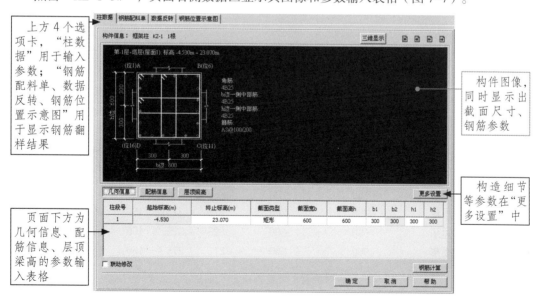

上方 4 个选项卡,"柱数据"用于输入参数;"钢筋配料单、数据反转、钢筋位置示意图"用于显示钢筋翻样结果

构件图像,同时显示出截面尺寸、钢筋参数

构造细节等参数在"更多设置"中

页面下方为几何信息、配筋信息、层顶梁高的参数输入表格

图 7-7 柱参数输入页面

2．第二步：划分柱段

据表Ⅶ–1，按列表注写内容中"KZ–1–5#"分为 3 段，但这根柱中含有 XZ1，且 XZ1 的终止标高"低于"其所在柱段的终止标高，因此，应分为 4 段。

几何信息	配筋信息	层顶梁高

柱段号	起始标高(m)	终止标高(m)
1	-4.530	23.070
		4.470
		8.670
		12.270
		15.870
		19.470
		23.070

图 7-8 点击"终止标高"单元格，之后点击 4.470

"起始标高"已经有了，为"-4.53"，我们设置各柱段的"终止标高"，来完成柱段划分。

点击"终止标高"单元格，弹出下拉框，显示出各楼层的楼面标高（图 7-8）。

柱段号	起始标高(m)	终止标高(m)
1	-4.530	4.470
2	4.470	23.070

图 7-9 柱段 1 加入到表格

点击下拉单中的"4.470"，这是 XZ1 的柱段标高。然后在表格区任意位置再点击一下按钮，可见柱段 1 加入到表格（图 7-9）。

柱段号	起始标高(m)	终止标高(m)
1	-4.530	4.470
2	4.470	8.670
3	8.670	15.870
4	15.870	23.070

图 7-10 各柱段划分完成

与上步操作相同，在下一行"终止标高"格中依次选择"8.670"、"15.870"，则 KZ–1–5# 的各个柱段划分完成（图 7-10）。

注意：柱图像区也依据柱段划分，显示出 4 个柱截面图像。

3．第三步：输入柱截面尺寸、配筋信息

1）输入截面类型、截面宽、截面高、偏心尺寸

图 7-11 为输入后的 KZ–1–5# 截面尺寸、偏心尺寸。

截面类型：按软件默认"矩形"。

截面宽 b、截面高 h：柱段 1（含 XZ1）和柱段 2 相同。

偏心尺寸：只需在 b_1、h_1 中输入，b_2 和 h_2 由软件根据 b、h 自动计算出来（可使用"联动修改"，想想应从哪一位置开始？答案是：自上而下）。

截面类型	截面宽b	截面高h	b1	b2	h1	h2
矩形	750	700	375	375	150	550
矩形	750	700	375	375	150	550
矩形	650	600	325	325	150	450
矩形	550	500	275	275	150	350

图 7-11 在各柱段表格中输入截面尺寸、偏心尺寸

2）输入配筋信息

点击"配筋信息"按钮，显示出参数表格，其中有软件的默认值，见图7-12。

柱段号	全部纵筋	角筋	b边一侧中部筋	h边一侧中部筋	箍筋	箍筋、芯柱设置
1		4B25	4B25	4B25	A8@100/200	箍筋、芯柱设置
2		4B25	4B25	4B25	A8@100/200	箍筋、芯柱设置
3		4B25	4B25	4B25	A8@100/200	箍筋、芯柱设置
4		4B25	4B25	4B25	A8@100/200	箍筋、芯柱设置

图 7-12 点击"配筋信息"按钮，显示其参数表格

（1）输入各段柱纵向钢筋、箍筋参数

将"KZ1"各柱段的配筋，按照单元格中的格式输入进去，见图7-13。

柱段号	全部纵筋	角筋	b边一侧中部筋	h边一侧中部筋	箍筋	箍筋、芯柱设置
1	24B25				A10@100/200	箍筋、芯柱设置
2	24B25				A10@100/200	箍筋、芯柱设置
3		4B25	5B22	4B20	A10@100/200	箍筋、芯柱设置
4		4B25	5B22	4B20	A8@100/200	箍筋、芯柱设置

图 7-13 输入 KZ-1-5# 各柱段配筋信息

（2）设置各柱段箍筋类型及肢数

箍筋	箍筋、芯柱设置
A10@100/200	箍筋、芯柱设置
A10@100/200	箍筋、芯柱设置
A10@100/200	箍筋、芯柱设置
A8@100/200	箍筋、芯柱设置

双击"柱段1"行的最后一格"箍筋、芯柱设置"，图7-14，弹出"箍筋、芯柱设置"窗口，图7-15。

图 7-14 双击各柱段"箍筋、芯柱设置"

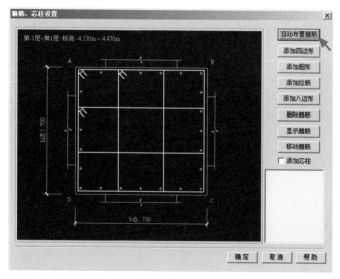

图7-15，在"箍筋、芯柱设置"窗口，柱的4个角点按顺时针标有 A、B、C、D 字母，A-B边为柱截面的 b 边，B-C边为 h 边。

点击"自动布置箍筋"按钮，弹出"自动布置箍筋"对话框，图7-16。

图 7-15 "箍筋、芯柱设置"窗口

图 7-16 "自动布置箍筋"对话框

在窗口的"A-B 边箍筋"下拉框中点选"5"、在"B-C 边箍筋"下拉框中点选"4"(注意每一边下方"全部采用拉筋"的说明)。点"自动布置"按钮,图像区箍筋按 5×4 肢数显示,图 7-17。

同样操作,布置其他柱段箍筋。

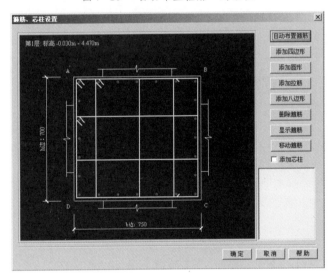

图 7-17 箍筋设置完成

注:"箍筋、芯柱设置"窗口中的"添加四边形、添加圆形、添加拉筋、添加八边形、删除箍筋、显示箍筋、移动箍筋"等按钮的操作,见本章附录。

(3)输入"芯柱"配筋

在"柱段 1"的"箍筋、芯柱设置"窗口,有一个"添加芯柱"选项(图 7-18)。通过它将芯柱 XZ1 添加进"柱段 1"。

点击勾选"添加芯柱"单选项,下方显示出芯柱参数表格,图像中显示出加入芯柱。

根据示例表Ⅶ-1 在此修改芯柱宽 b、芯柱高 h 的尺寸,以及配筋信息。这里宽、高尺寸不改,将角筋改为 4B25,b 边纵筋改为 1B25,h 边纵筋改为 1B25,其他不变。图 7-19。

点击"确定"按钮,回到"柱数据"页面。

至此,KZ-1-5# 全部配筋输入完成。

形状	矩形
芯柱宽 b	250
芯柱高 h	250
角筋	4B20
b 边纵筋	2B20
h 边纵筋	2B20
箍筋	A8@100

☑ 添加芯柱

图 7-18 芯柱参数表格

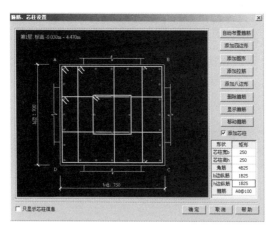

图 7-19 修改完成芯柱参数

4．第四步：输入梁柱节点参数（软件中为"层顶梁高"）

点击"层顶梁高"按钮，显示其参数表格，图 7-20。

几何信息	配筋信息	层顶梁高				更多设置
自然层号	层顶标高(m)	A-B边梁高(高差)	B-C边梁高(高差)	C-D边梁高(高差)	D-A边梁高(高差)	
塔层(屋面1)顶	23.070	700(0)	600(0)	700(0)	600(0)	
第5层顶	19.470	700(0)	600(0)	700(0)	600(0)	
第4层顶	15.870	700(0)	600(0)	700(0)	600(0)	
第3层顶	12.270	700(0)	600(0)	700(0)	600(0)	
第2层顶	8.670	700(0)	600(0)	700(0)	600(0)	
第1层顶	4.470	700(0)	600(0)	700(0)	600(0)	

图 7-20 层顶梁高表格

矩形柱截面四条边上的柱梁节点，其梁高、高差均需设置。如果某条边上不设"梁"，将其"梁高"改为"0"。软件中"梁高（高差）"的格式为 xxx(xxx)，例如梁高为 750，高差为 100，则输入为"750(100)"。

本示例柱 KZ-1-5#，我们设定其顶层段落为"角柱"，即只有 A-B、B-C 两条边中有梁，梁高均为 600，没有高差；C-D、D-A 两条边中不设梁，不设梁则梁高均为 0。在第 6 层即"塔层（屋面 1）"行，作如下修改，图 7-21。

自然层号	层顶标高(m)	A-B边梁高(高差)	B-C边梁高(高差)	C-D边梁高(高差)	D-A边梁高(高差)
塔层(屋面1)顶	23.070	600(0)	600(0)	0(0)	0(0)

图 7-21　修改层顶梁高

修改后，可看到图 7-22 中柱段 4 的 C-D、D-A 边的梁被取消，图 7-23。

注：柱段 4 含两个楼层，修改顶层的层顶梁高只针对顶层这一楼层。

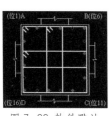

图 7-22 软件默认柱段 4 各边均有梁

D-A 边的梁显示取消

C-D 边的梁显示取消

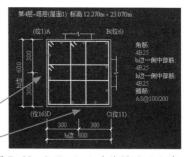

图 7-23　C-D、D-A 边的梁显示取消

5．第五步：设置钢筋构造细节及优化配筋的参数

图 7-24 "更多设置"按钮

点击"更多设置"按钮，图 7-24，弹出"更多设置"窗口，图 7-25，点击左侧"设置分类"中各参数选项，右侧显示其参数。

图 7-25 "更多设置"窗口

抗震等级、柱砼强度、柱保护层：如与"钢筋参数"中设置的不同，在此修改。本示例不改。

竖向钢筋连接方式：如与"钢筋参数"中设置的不同，在此修改。本示例不改。

竖向钢筋连接位置：即在此处优化设置钢筋接头位置，图 7-26，有三项设置内容：

"接头批数"，软件默认为"设置 2 批接头"，本示例不改。

"接头位置"，软件默认为"优化设置"，即钢筋长度首先取用"钢筋参数"中设定的长度模数。这一项参数设有三个选项，图 7-27。本示例选定为"优化设置"。

"标准构造最低位置调整"，本示例不调整。

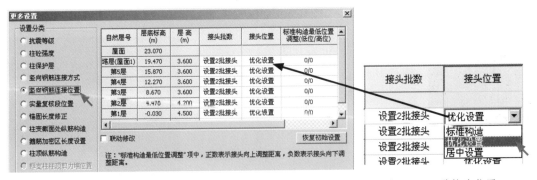

图 7-26 "竖向钢筋连接位置"页面   图 7-27 三种接头位置

实量复核段位置：图 7–28，设定“需要实量复核”的钢筋所在楼层，此楼层钢筋在钢筋配料单中以虚线表示。软件默认顶层的纵筋需要实量复核，本示例按软件默认。

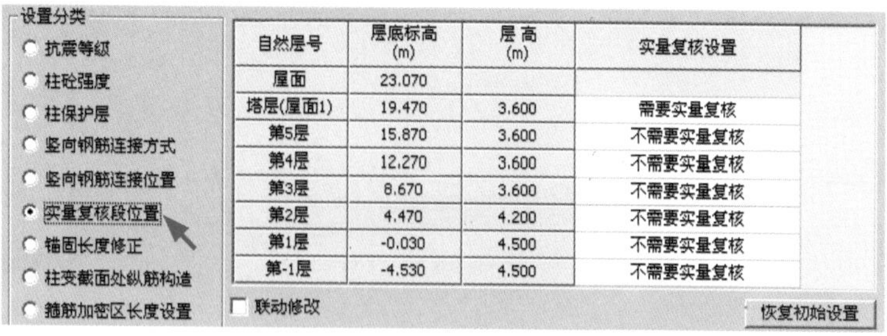

设置分类
抗震等级
柱砼强度
柱保护层
竖向钢筋连接方式
竖向钢筋连接位置
实量复核段位置
锚固长度修正
柱变截面处纵筋构造
箍筋加密区长度设置
自然层号 | 层底标高(m) | 层高(m) | 实量复核设置
屋面 | 23.070
塔层(屋面1) | 19.470 | 3.600 | 需要实量复核
第5层 | 15.870 | 3.600 | 不需要实量复核
第4层 | 12.270 | 3.600 | 不需要实量复核
第3层 | 8.670 | 3.600 | 不需要实量复核
第2层 | 4.470 | 4.200 | 不需要实量复核
第1层 | -0.030 | 4.500 | 不需要实量复核
第-1层 | -4.530 | 4.500 | 不需要实量复核
联动修改
恢复初始设置

图 7–28　“实量复核段位置”数据页面

锚固长度修正：即钢筋种类是“普通钢筋”还是“环氧树脂涂层钢筋”，施工中“受扰动”还是“不受扰动”，在对应单元格中点选输入，本示例按软件默认，图 7–29。

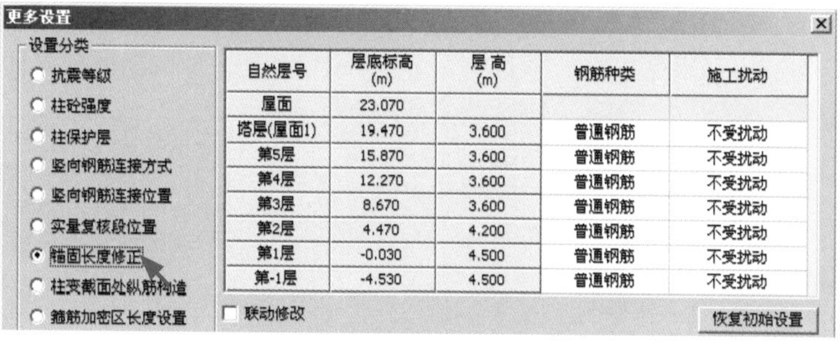

更多设置
设置分类
抗震等级
柱砼强度
柱保护层
竖向钢筋连接方式
竖向钢筋连接位置
实量复核段位置
锚固长度修正
柱变截面处纵筋构造
箍筋加密区长度设置
自然层号 | 层底标高(m) | 层高(m) | 钢筋种类 | 施工扰动
屋面 | 23.070
塔层(屋面1) | 19.470 | 3.600 | 普通钢筋 | 不受扰动
第5层 | 15.870 | 3.600 | 普通钢筋 | 不受扰动
第4层 | 12.270 | 3.600 | 普通钢筋 | 不受扰动
第3层 | 8.670 | 3.600 | 普通钢筋 | 不受扰动
第2层 | 4.470 | 4.200 | 普通钢筋 | 不受扰动
第1层 | -0.030 | 4.500 | 普通钢筋 | 不受扰动
第-1层 | -4.530 | 4.500 | 普通钢筋 | 不受扰动
联动修改
恢复初始设置

图 7–29　“锚固长度修正”页面

柱变截面处纵筋构造：设定本示例变截面位置的“梁高”均为 700，根据此梁高，则纵筋变截面位置构造应为 $\Delta/h_b \leqslant 1/6$ 的构造 (11G11–1 第 60 页)，即“纵筋弯上连接”构造。软件已根据 KZ–1–5# 截面尺寸变化，自动在变截面位置的“第 2 层”、“第 4 层”设置了“纵筋构造”输入框，默认为“设置插筋”，见图 7–30，点击展开这两个输入框，将构造改为“纵筋弯上连接”，见图 7–31。

更多设置
设置分类
抗震等级
柱砼强度
柱保护层
竖向钢筋连接方式
竖向钢筋连接位置
实量复核段位置
锚固长度修正
柱变截面处纵筋构造
箍筋加密区长度设置
自然层号 | 层底标高(m) | 层高(m) | 柱变截面处纵筋构造 | 柱边允许偏移距离(mm)
屋面 | 23.070
塔层(屋面1) | 19.470 | 3.600
第5层 | 15.870 | 3.600
第4层 | 12.270 | 3.600 | 设置插筋
第3层 | 8.670 | 3.600
第2层 | 4.470 | 4.200 | 设置插筋
第1层 | -0.030 | 4.500
第-1层 | -4.530 | 4.500
纵筋弯上连接
设置插筋
纵筋直上连接
联动修改
恢复初始设置

图 7–30　“柱变截面处纵筋构造”页面

柱变截面处纵筋构造
纵筋弯上连接
纵筋弯上连接

图 7–31　修改后的构造

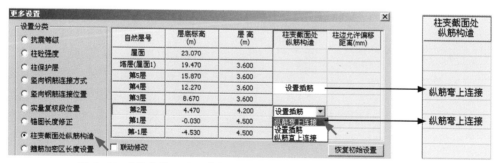

箍筋加密区长度设置：图 7-32，有"构造一、构造二"两种方式，图 7-33。构造一，是指上部结构层中的柱箍筋在柱下端加密区长度取"1/6 净高、截面长边尺寸、500"的最大值；构造二，指底层柱根部的箍筋加密区长度取"1/3 净高、截面长边尺寸、500"的最大值。本示例，将"第 -1 层"改为"构造二"。

注：修改后，单元格底色变为浅蓝色，表示此处将默认值修改。软件均以此方式表示修改情况。

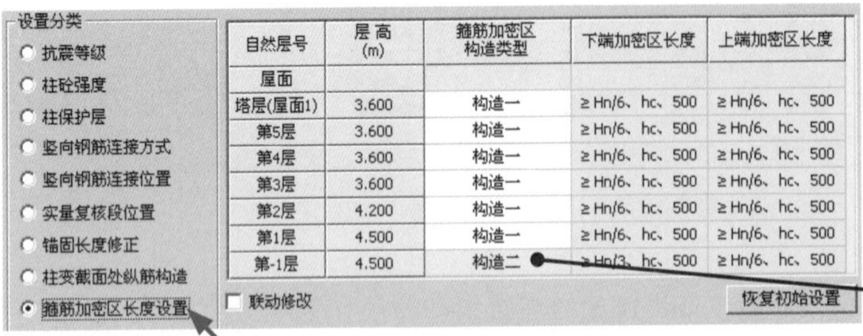

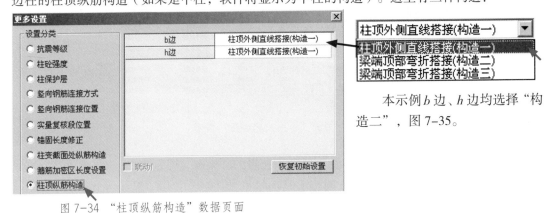

图 7-32 "箍筋加密区长度设置"页面 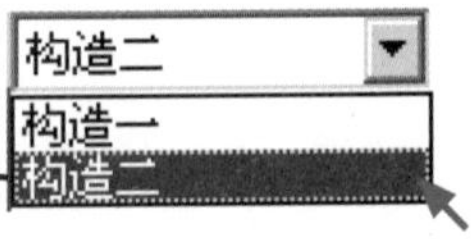　　　　　图 7-33 两种构造方式

柱顶纵筋构造：图 7-34，本示例将顶层柱设为角柱，因此软件在这里自动显示为角柱、边柱的柱顶纵筋构造（如果是中柱，软件将显示为中柱的构造）。这里有三种构造：

图 7-34 "柱顶纵筋构造"数据页面

本示例 b 边、h 边均选择"构造二"，图 7-35。

选择"构造二"之后，出现了 X3、X4、Y1、Y2 参数。X3、X4 为柱截面 C-D 边的"梁位置（梁侧面距柱边缘距离）"、"梁宽"参数，Y1、Y2 为 D-A 边的"梁位置"及"梁宽"参数（见窗口图中的字母标志），这 4 项参数用于计算 A-B 边、B-C 边中伸入对边的柱纵筋数量。此即顶层柱为角柱时的纵筋构造。

这里假定梁宽 300，位于柱中线，因此输入图 7-35 中的参数值。

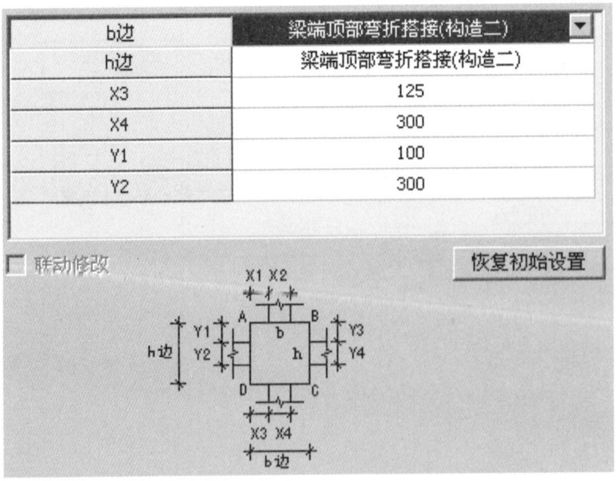

b 边	梁端顶部弯折搭接(构造二)
h 边	梁端顶部弯折搭接(构造二)
X3	125
X4	300
Y1	100
Y2	300

图 7-35 选择构造二后需输入的参数

柱底部基础插筋设置：图 7-36，本页面，软件在"是否计算基础插筋"的选项参数中默认为"不计算"。本示例需要计算插筋，点选"是否计算基础插筋"选项参数中"计算"，显示出"插筋预埋垂直段长度"、"插筋预埋水平段长度"两项参数，本示例输入图 7-37 中的数值。

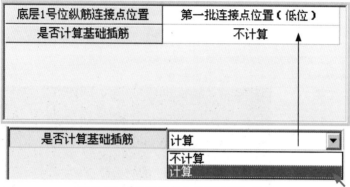

底层1号位纵筋连接点位置	第一批连接点位置（低位）
是否计算基础插筋	不计算

是否计算基础插筋	计算 ▼
	不计算
	计算

图 7-36 "柱底部基础插筋设置"页面

底层1号位纵筋连接点位置	第一批连接点位置（低位）
是否计算基础插筋	计算
插筋预埋垂直段长度	1100
插筋预埋水平段长度	300

图 7-37 "柱底部基础插筋设置"页面（计算插筋时）

底层刚性地面设置：图 7-38，本示例不涉及，如果涉及，勾选"非刚性地面"，名称变为"刚性地面"，并出现"地面标高、地面层厚度"参数，根据实际输入，图 7-39。

底层是否为刚性地面	☐ 非刚性地面

图 7-38 "底层刚性地面设置"页面（非刚性地面）

底层是否为刚性地面	☑ 刚性地面
地面标高	-7.200
地面层厚度	200

图 7-39 刚性地面

套筒"反丝"设置：图 7-40，连接钢筋使用正反丝套筒时设置。如选择为"考虑"，则钢筋配料单中将标明接头正反丝的位置。

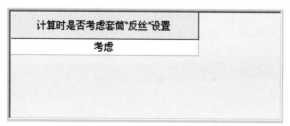

计算时是否考虑套筒"反丝"设置
考虑

图 7-40 "套筒反丝设置"页面（考虑）

标准构造设置：点击页面下方"标准构造设置"按钮，图7-41，弹出"标准构造设置"窗口，图7-42。这个我们已经在"钢筋参数"中设置过，如本构件有不同，在这里重新设置，设置后只针对本构件。

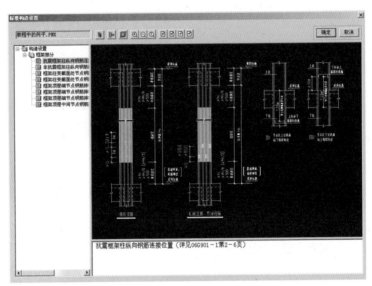

图7-41 点"标准构造设置"按钮

图7-42 "标准构造设置"数据页面

至此，柱全部参数设置完成。从头仔细检查核对，直至正确无误。

6．第六步：钢筋计算

点击"钢筋计算"按钮，页面下方显示出"【钢筋计算已完成！】"，至此 KZ-1-5# 的钢筋翻样完成，图7-43。点击"确定"按钮，再点击"保存"按钮。

图7-43 点击"钢筋计算"按钮，完成翻样

依次点击"钢筋配料单"、"数据反转"、"钢筋位置示意图"3个选项卡，图7-44，显示出其页面，分别见图7-45～图7-48。要对这二个表单仔细查看。

图7-44 依次点击"钢筋配料单"、"数据反转"、"钢筋位置示意图"三个选项卡

钢筋配料单中，不仅显示钢筋样式、尺寸、根数等，还有每一根钢筋的编号（软件自动设定）、接头形式、起点位置等等，初学者，需仔细研究一遍。

本示例KZ-1-5#的接头形式为"电渣压力焊"，在钢筋配料单内纵筋的"钢筋形状"格中，纵筋两端标注的"电–15"其含义即为"电渣压力焊接头 焊接连接留量"。

注意查看变截面位置纵筋的表示方式，注意查看变截面位置箍筋的表示方式，图7-46。

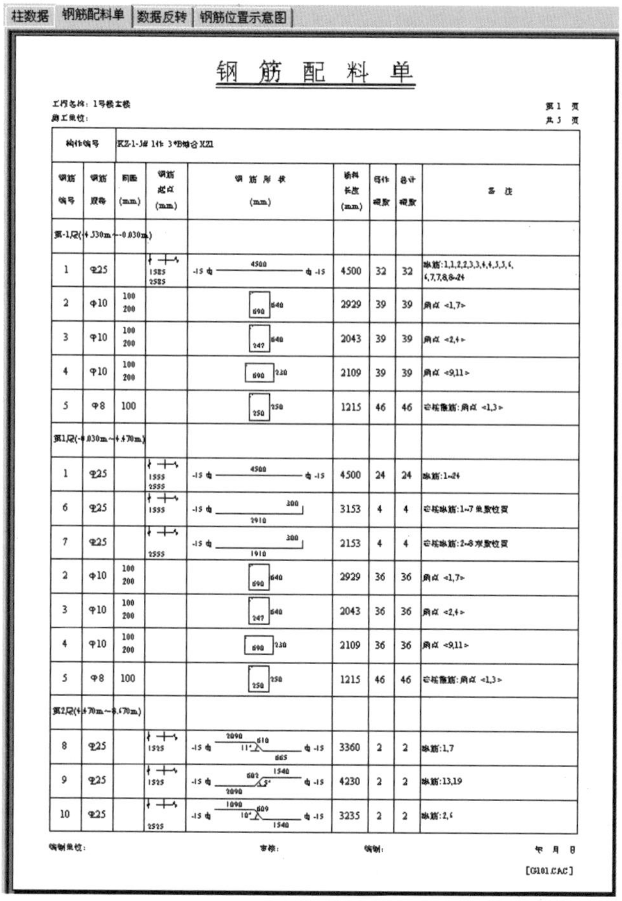

柱数据 | 钢筋配料单 | 数据反转 | 钢筋位置示意图

钢 筋 配 料 单

工程名称：1号楼主楼　　　　　　　　　　第1页　共3页
施工单位：
构件编号：KZ-1-5# 1b 3根综合KZ1

钢筋编号	钢筋型号(mm)	阴面弯曲(mm)	钢筋起点(mm)	钢筋形状(mm)	钢筋长度(mm)	组件根数	总根数	备注
第1层(-4.530m~-0.030m)								
1	⊈25			-15电 4500 电-15	4500	32	32	接面:1,1,2,2,3,3,4,4,5,5,6,7,7,8,9-24
2	Φ10	100 200		690 640	2929	39	39	角α <1,7>
3	Φ10	100 200		247 640	2043	39	39	角α <2,4>
4	Φ10	100 200		690 210	2109	39	39	角α <9,11>
5	Φ8	100		250 250	1215	46	46	纵横箍筋;角α <1,3>
第1层(-0.030m~4.470m)								
1	⊈25			-15电 4500 电-15	4500	24	24	接面:1-24
6	⊈25			-15电 100 1910	3153	4	4	纵横搭接:1-7顺数位置
7	⊈25			-15电 100 1910	2153	4	4	纵横搭接:2-8原数位置
2	Φ10	100 200		690 640	2929	36	36	角α <1,7>
3	Φ10	100 200		247 640	2043	36	36	角α <2,4>
4	Φ10	100 200		690 210	2109	36	36	角α <9,11>
5	Φ8	100		250 250	1215	46	46	纵横箍筋;角α <1,3>
第2层(4.470m~8.670m)								
8	⊈25			2090 610 665 电-15	3360	2	2	接面:1,7
9	⊈25			601 1540 电-15	4230	2	2	接面:13,19
10	⊈25			1090 609 1540	3235	2	2	接面:2,4

钢制单位：　　　审核：　　　钢制：　　　年 月 日

[G101.CAC]

图7-45 钢筋配料单（注意变截面位置的弯上纵筋表示）

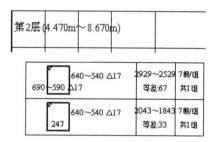

图7-46 变截面位置箍筋的等差表示方式

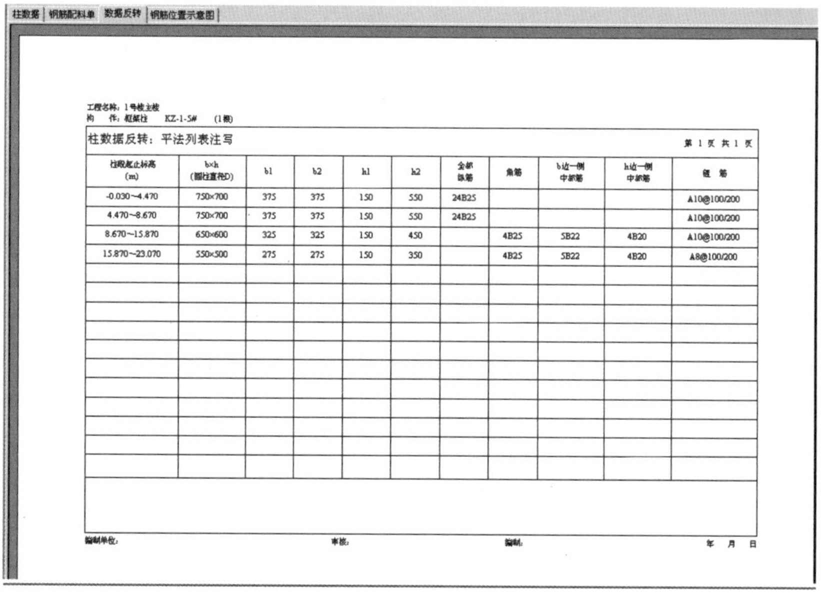

柱数据 | 钢筋配料单 | 数据反转 | 钢筋位置示意图

工程名称：1号楼主楼
构　件：框架柱　KZ-1-5#　(1根)

柱数据反转：平法列表注写　　　　　　第1页 共1页

柱段起止标高(m)	b×h(圆柱直径D)	b1	b2	h1	h2	全部纵筋	角筋	b边一侧中部筋	h边一侧中部筋	箍筋
-0.030~4.470	750×700	375	375	150	550	24B25				A10@100/200
4.470~8.670	750×700	375	375	150	550	24B25				A10@100/200
8.670~15.870	650×600	325	325	150	450		4B25	5B22	4B20	A10@100/200
15.870~23.070	550×500	275	275	150	350		4B25	5B22	4B20	A8@100/200

编制单位：　　　审核：　　　编制：　　　年 月 日

图7-47 数据反转，即列表注写方式的构件几何、配筋信息

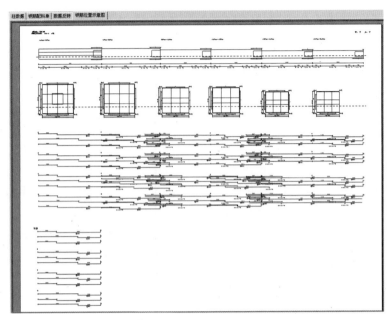

图 7-48 钢筋位置图

点击图像区上方"三维显示"按钮，图 7-49，显示出本构件的三维效果图，图 7-50，可放大、缩小、拖动、旋转，等等。操作很简单，逐项试一试。提示：适合高配置电脑。

图 7-49 点击"三维显示"按钮

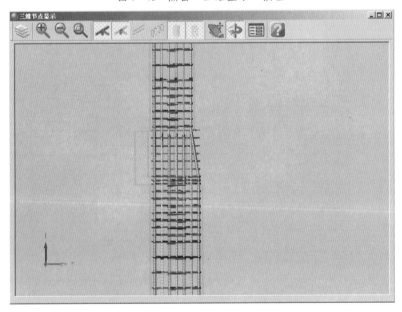

图 7-50 三维节点显示图

本章附录

1. "箍筋、芯柱设置窗口"的有关操作

一般情况下，采用"自动布置箍筋"功能，软件就可以根据所输入的箍筋肢数正确设置箍筋。如果软件自动布置的箍筋不符合实际，再考虑使用附图 7-1 中的这些功能。

删除箍筋：点击"删除箍筋"按钮，再将鼠标光标移到所需删除的箍筋，箍筋颜色变成深黄，点击一下鼠标左键，箍筋被删除。

注意：柱外围封闭箍筋，不能被删除。

添加四边形：点击此按钮，然后将鼠标光标移到箍筋所在的纵筋位置点，光标变成"小手"形状，依次点击四根纵筋位置点，四边形箍筋加入图像中。

添加拉筋：与添加四边形操作相同，点击拉筋所在的两根纵筋位置点。

附图 7-1 箍筋操作按钮

2. 复制添加框架柱（注意右键菜单中"编辑属性"命令的操作）

如果翻样本示例 KZ1 的其他批次，如 KZ-1-1#-4#，与 KZ-1-5# 的不同之处只是不含芯柱 XZ1，其他参数都一样，数量 4 根。

使用"复制"、"粘贴"功能添加 KZ-1-1#-4#，无需重新输入它的全部参数。

具体操作：在工程管理区，右键点击"KZ-1-5#"，弹出右键菜单，点击菜单中"复制"，"KZ-1-5#"被复制，附图 7-2。

接着，右键点击"框架柱 KZ"构件夹，弹出右键菜单，点击菜单中"粘贴"，附图 7-3。这时弹出"确认构件替换"对话框，点击其中"新建"按钮，附图 7-4，则"框架柱 KZ"构件夹中加入"KZ-1-5# 附件"，附图 7-5。点击"KZ-1-5# 附件"，页面右侧数据区显示其各种参数，与"KZ-1-5#"完全一样。

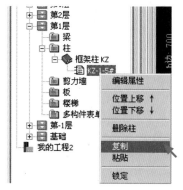

附图 7-2 右键点击"KZ-1-5#"，复制

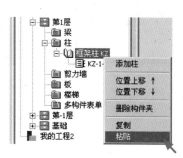

附图 7-3 右键点击"框架柱 KZ"构件夹，粘贴

附图 7-4 "确认构件替换"对话框，点击"新建"按钮

附图 7-5 加入"KZ-1-5# 附件"

接下来修改"KZ-1-5# 附件"的名称、数量、配筋。

操作：右键点击"KZ-1-5# 附件"，弹出右键菜单，点击其中"编辑属性"，附图 7-6，弹出"编辑属性"窗口，在其中将"柱编号"改为"KZ-1-1#-4#"，"柱数量"改为"4"，"备注"中内容取消，附图 7-7。点击"确定"按钮。

附图 7-6 "编辑属性"操作　　　　　　附图 7-7 修改柱编号、柱数量、备注

接下来，在柱段 1 的"箍筋、芯柱设置"窗口，取消"芯柱"（点击"添加芯柱"，使其前面小方框中的"√"取消），附图 7-8，点击"确定"按钮。

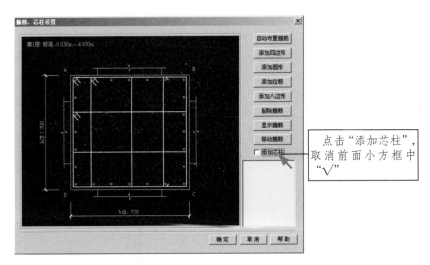

附图 7-8 取消"芯柱"

至此，"KZ-1-1#-4#"全部参数输入完成，点击"钢筋计算"按钮，完成钢筋翻样。

第八章　墙钢筋翻样

（完成本章学习，约 4 小时）

G101 平法图集中，剪力墙被视为由剪力墙柱、剪力墙身、剪力墙梁三类构件构成。从结构构件的角度看，"墙柱"和"墙身"的配筋按墙体不同部位的受力要求分别设计，配筋构造各有不同，且在平法施工图中分别表达。为便于实现各自标准构造，CAC 软件将剪力墙分为"墙柱"和"墙身"两个构件分别计算。而剪力墙梁，位于墙身跨中，为墙身组成部分，因此加入"墙身"中计算其配筋。

一、墙柱钢筋翻样

1. 墙柱的结构形式及配筋特点

1）墙柱的结构形式

按结构形式，墙柱可分为边缘暗柱、边缘翼墙、边缘转角墙、边缘端柱、非边缘暗柱、扶壁柱等多种类型。每一类型墙柱的截面和配筋各有其特点，其中边缘构件为：

边缘暗柱：截面为"一字形"，位于剪力墙边缘，其纵筋排布在一向柱肢中。

边缘翼墙：截面为"T 字形"，其配筋所在柱肢为两向柱肢。其中，约束边缘翼墙在两向柱肢重合部位的纵筋位置，由两向柱肢确定；构造边缘翼墙，虽然只有边缘部位的一向柱肢配筋，但通常情况下其两向柱肢重合部位纵筋的位置仍由两向柱肢确定。

边缘转角墙：截面为"L 形"，位于剪力墙边缘转角处，在两向柱肢中配筋，其两向柱肢重合部位纵筋的位置由两向柱肢确定。

边缘端柱：为剪力墙端部的扩大部位，其配筋构造类似柱。

软件中的墙柱，按照墙柱的结构形式设置。

2）不同结构形式墙柱通过组合形成多柱肢墙柱

工程中，不同结构形式的墙柱，既以单一形式存在，又以组合形式存在。其中最多见的是翼墙和转角墙组合而成的多柱肢墙柱。

3）墙柱由约束边缘构件和构造边缘构件自下而上组成

边缘墙柱，按其在结构竖向高度上的位置，可分为约束边缘构件和构造边缘构件。一根自下而上的墙柱，其下标准段一般为约束边缘构件，上标准段为构造边缘构件，并各有其编号。随着截面尺寸和配筋的变化，约束边缘构件和构造边缘构件，又会划分为两个以及更多的标准段。

4）下段、上段墙柱的截面类型、截面尺寸有多种变化

（1）下段、上段墙柱截面类型相同，但截面尺寸不同，轴线偏心尺寸不同。

（2）下段、上段墙柱截面类型不同，下段为完整的单一形式或组合形式的约束墙柱，上段分开为几个单一形式的构造墙柱。

5）约束边缘构件"阴影区"及"非阴影区"的配筋

（1）阴影区配筋相对独立，自成一体。

（2）非阴影区配筋与墙身配筋关系密切，其竖向纵筋一般为墙身竖向分布筋，但有其自身的分布间距；拉筋一般为墙身拉筋，也有其自身的水平间距及竖向间距。

（3）非阴影区中或设有自阴影区延伸过来的外圈封闭箍筋。

6）墙柱下、上标准段的纵筋构造

（1）角筋与中部筋

墙柱中纵筋可分为角筋和中部筋。角筋，位置固定于各柱肢"角部"及两向柱肢的"重合部位"；中部筋，等间距排布在两角筋之间。

（2）下、上标准段纵筋的连接构造

随着下、上标准段段墙柱截面尺寸和配筋数量的变化，下、上标准段的纵筋位置，有的保持在同一位置点，有的则不在同一位置点。在同一位置点的下段、上段纵筋需要按"能通则通"构造要求连接；不在同一位置点的纵筋，则按"变截面构造"要求，或是下段纵筋弯曲至上段纵筋位置点连接（下段、上段两纵筋位置点的净间距小于 30mm，11G101-1）；或是下段纵筋弯折入楼板中，上段纵筋增加插筋。

（3）下、上标准段的纵筋 "高低位"对应

根据构造要求，在同一位置点的下段、上段连接纵筋，其排布时的"高低位"需要一一对应，即上段高位纵筋对应下段高位纵筋，上段低位纵筋对应下段低位纵筋。

2．软件中约束墙柱配筋的翻样

根据约束墙柱钢筋所在的区域，CAC 软件将约束墙柱的阴影区配筋与非阴影区配筋分别翻样。

1）阴影区的纵向钢筋及箍筋

其配筋自成一体，在"墙柱"构件中翻样。

2）非阴影区的纵向钢筋及拉筋

非阴影区位于"墙身"中，纵向钢筋多为墙身竖向分布筋，拉筋多为墙身拉筋，因此在"墙身"构件中翻样，可单独设置其规格及间距。

3）延伸至非阴影区的外圈封闭箍筋

此箍筋一端仍在阴影区中，因此仍在"墙柱"构件中翻样。

3．翻样前要清晰把握墙柱空间结构形式

面对结构形式、截面类型、配筋有多种变化的墙柱，在钢筋翻样之前，我们要仔细查看施工图，重点查看以下结构参数：

（1）下标准段、上标准段起止标高。

（2）下标准段、上标准段的截面类型及尺寸。

（3）下标准段、上标准段墙柱的轴线偏心尺寸。

根据上述数据，墙柱的空间结构形式就可在头脑中自下而上地清晰起来，在这之后，再详细了解各标准段的墙柱配筋，则很容易把握住墙柱的钢筋翻样。

4.软件中墙柱钢筋翻样过程

墙柱是贯穿各楼层的竖向构件，软件一次性计算完成一根墙柱自底至顶的全部钢筋翻样，并按标准构造自动完成各种细节构造。当根据施工进度只需取部分楼层的钢筋进行加工时，在加工料单中汇总有关楼层。

墙柱的钢筋翻样过程，分为以下几个步骤：

第一步：添加墙柱；

第二步：划分标准段；

第三步：输入墙柱截面尺寸、配筋信息；

第四步：设置墙柱构造细节及优化配筋等各项参数；

第五步：点击"钢筋计算"按钮，完成钢筋翻样。

5.【实例一】单一结构形式墙柱

表Ⅷ-1的"转角墙"，来自某工程施工图，各标准段的起止标高，根据前面"第六章"的"示例工程"作了修改。

表Ⅷ-1 示例墙柱

轴线			
截面			
编号	YJZ1	YJZ2	GJZ1
标高	-4.53 ～ -0.03	-0.03 ～ 8.67	8.67 ～ 19.47
纵筋	20Φ16	16Φ16	8Φ12（角筋）+6Φ10
箍筋	Φ8@120	Φ8@150	Φ6@200

此墙柱分为下、中、上3个标准段。

下段编号 YJZ1，起止标高"-4.53 ～ -0.03"，为"第-1层"，共1层；

中段编号 YJZ2，起止标高"-0.03 ～ 8.67"，为"第1层～第2层"，共2层；

上段编号 GJZ1，起止标高"8.67 ～ 19.47"，为"第3层～第5层"，共3层。

X 向的下、中、上三个标准段的柱肢，长度相同，均为 1000；厚度自下而上逐渐变小，为 300、250、200。轴线偏心尺寸，三段柱肢在墙外侧平齐，在墙内侧缩进。

Y 向的下、中、上三个标准段的柱肢，长度逐渐变小，为 600、550、400；厚度，下段为 300，中、上两段为 200。轴线偏心尺寸，三段柱肢在墙外侧平齐，在墙内侧缩进。

据上述数据，我们可在头脑中形成图Ⅷ–1 所示的空间结构形式。

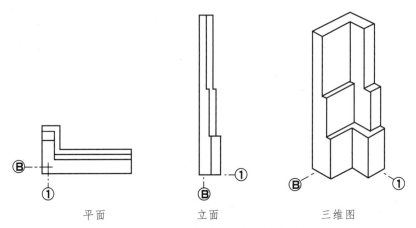

平面 立面 三维图

图Ⅷ–1 示例墙柱的空间结构形式

现在，在软件中对这根墙柱进行钢筋翻样。

图 8-1 添加墙柱操作

1）第一步：添加墙柱

根据表Ⅷ–1，墙柱起始标高为 –4.53，即"第 –1 层"的结构层楼面标高，因此，在"工程管理区"的"第 –1 层"添加。

图 8-1，双击展开"第 –1 层"，右键点击"剪力墙"构件夹，弹出右键菜单，点击最上一行"添加 墙柱"，弹出"添加墙柱编号"窗口，图 8-2。

点击其中"添加墙柱"按钮，弹出"添加墙柱"对话框，图 8-3。

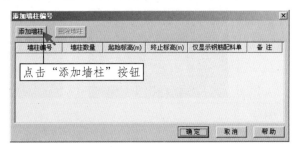

图 8-2 "添加墙柱编号"窗口

图 8-3 "添加墙柱"对话框

"添加墙柱"对话框中只有一项参数"根数"，软件默认为"1"根。本示例不考虑"完全相同墙柱"，点击"确定"按钮，"添加墙柱编号"窗口加入墙柱，图 8-4。

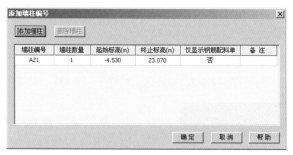

图 8-4 "添加墙柱编号"窗口加入数据行

在"墙柱编号"中输入"1×B轴墙柱"，"起始标高"中"-4.53"不改，"终止标高"改为"19.47"，"备注"中输入"1轴×B轴 YJZ1、YJZ2、GJZ1"，图 8-5。

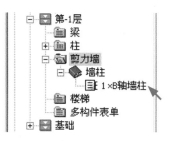

图 8-5 修改后的墙柱编号、标高、备注

点"确定"按钮，屏幕左侧"工程管理区"的"第-1层"的"剪力墙"下，加入了"墙柱"子构件夹及"1×B轴墙柱"编号，图 8-6。同时，一直到 19.47m 标高的各楼层也加入了此墙柱，墙柱添加完成。

图 8-6 "第-1层"至 19.47 标高的各层均加入"1×B轴墙柱"

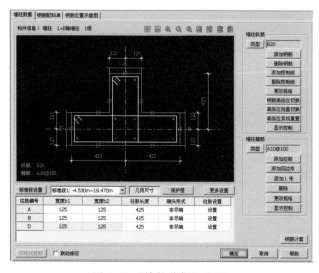

点击"1×B轴墙柱"，页面右侧显示出它的"墙柱数据"页面，其中含有构件图像显示区和参数输入表格区，见图 8-7。

图 8-7 "墙柱数据"页面

2）第二步：划分标准段、设定墙柱类型、选定截面形式

（1）划分标准段

据表Ⅷ–1，"1×B 轴墙柱"分为 3 段。标准段 1 起止标高"–4.53 ～ –0.03"，标准段 2 起止标高"–0.03 ～ 8.67"，标准段 3 起止标高"8.67 ～ 19.47"。

图 8-8　点击"标准段设置"按钮

点击图像区左下角的"标准段设置"按钮，图 8-8，弹出"标准段设置"窗口，图 8-9。窗口表格中已加入起始标高"–4.53"，且不能修改。我们设置各段墙柱的"终止标高"来划分标准段。

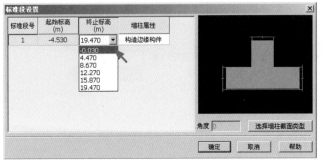

图 8-9　在"标准段设置"窗口选择"终止标高"划分标准段

点击"终止标高"下拉框，其中含有各楼层标高，点选"–0.03"，再在空白区点击一下鼠标，则出现两行标准段。再在第二行"终止标高"中点击"8.67"，墙柱划分为 3 个标准段，图 8-10。

（2）设定墙柱类型

点击各段的"墙柱属性"，将各标准段设为"约束构件"或"构造构件"。

提示：本示例，下两段约束墙柱未设非阴影区，因此不设为"约束构件"也可。

图 8-10　墙柱划分为 3 个"标准段设置"

标准段号	起始标高 (m)	终止标高 (m)	墙柱属性
1	-4.530	-0.030	构造边缘构件
2	-0.030	8.670	构造边缘构件
3	8.670	19.470	构造边缘构件
			构造边缘构件
			约束边缘构件
			小墙肢(构造1)
			小墙肢(构造2)

图 8-11　墙柱的四种属性

图 8-11，"墙柱属性"有四种，为"构造边缘构件、约束边缘构件、小墙肢（构造 1）、小墙肢（构造 2）"。

说明：小墙肢为截面高度不大于截面厚度 3 倍的矩形截面独立墙肢。"小墙肢（构造 1）"指竖向钢筋连接构造同框架柱的小墙肢；"小墙肢（构造 2）"指竖向钢筋连接构造同边缘构件的小墙肢。

图 8-12　点击"选择墙柱截面类型"按钮

（3）选择墙柱截面类型

图 8-12，点击"选择墙柱截面类型"按钮。

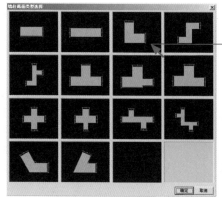

点选"转角墙"截面类型

弹出"墙柱截面类型选择"窗口，图 8-13。此窗口中含有 14 种基本截面类型。选择与本示例相同的第 3 项"转角墙"点击，然后点击"确定"按钮，此窗口关闭，回到"标准段设置"窗口。

图 8-13　"墙柱截面类型选择"窗口

"标准段设置"窗口显示出所选截面，图 8-14。

再点击这个窗口的"确定"按钮，回到"墙柱数据"页面，构件图像区显示出所选截面，图 8-15A。

图 8-14　"标准段设置"窗口显示所选截面

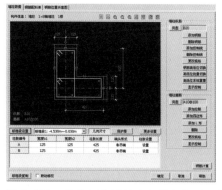

图 8-15A　构件图像区显示出所选截面

图 8-15B　设定墙柱图像位置按钮

图 8-15B，图像右上方按钮，可对图像进行水平翻转、垂直翻转、顺时针旋转 90°、逆时针旋转 90°，当图像方向与图纸中不一致时，点击这些按钮使图像方向与图纸一致。此处还设有"重置、显示下层、放大、缩小、全图"按钮。

3）第三步：输入各标准段截面尺寸、配筋信息

（1）输入"标准段 1"的截面尺寸

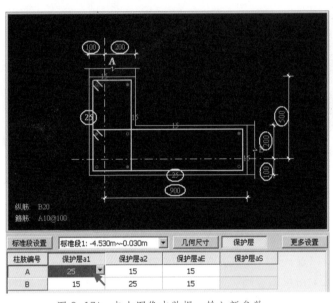

图 8-16 标准段的下拉选择框

点击"标准段"下拉框，图 8-16。在此选择某个标准段，则图像区墙柱及其参数对应于此标准段。

选择"标准段 1"，之后在墙柱图像中点击各项默认参数（图 8-17A 中圈住的参数）。一点击某参数，光标自动定位到下方输入表格中的对应单元格，在其中依次输入各柱肢截面尺寸、轴线定位尺寸。

输入后的"标准段 1"的"几何尺寸"、"保护层"参数如图 8-17B、图 8-17C 所示。

此标准段是地下室墙，据结构设计说明为二 b 类环境，因此墙外侧"保护层"设为"25"。

图 8-17A 点击图像中数据，输入新参数

标准段设置	标准段1: -4.530m~-0.030m ▼		几何尺寸	保护层	更多设置
柱肢编号	宽度b1	宽度b2	柱肢长度	端头形式	柱肢设置
A	100	200	500	非尽端	设置
B	200	100	900	非尽端	设置

图 8-17B 输入后的"标准段 1"的几何尺寸参数

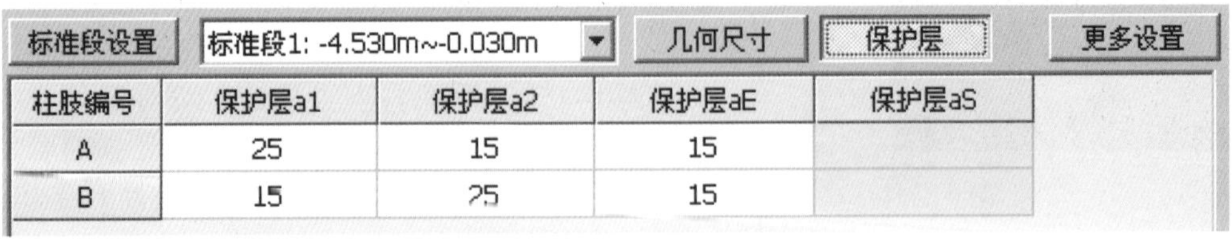

标准段设置	标准段1: -4.530m~-0.030m ▼		几何尺寸	保护层	更多设置
柱肢编号	保护层a1	保护层a2	保护层aE	保护层aS	
A	25	15	15		
B	15	25	15		

图 8-17C 输入后的"标准段 1"的保护层参数

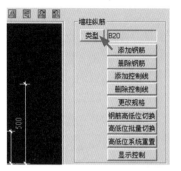

图 8-18 "墙柱纵筋"设置按钮

（2）输入"标准段 1"的配筋

① 输入"墙柱纵筋"

在图像右侧"墙柱纵筋"设置区，点击"类型"按钮，图 8-18，弹出"纵筋类型"对话框，图 8-19A。

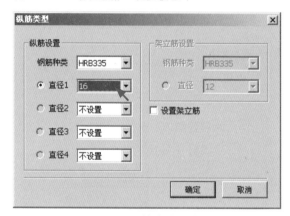

图 8-19A "纵筋类型"对话框

在"纵筋类型"对话框的"钢筋种类"中选定"HRB335"，"直径 1"中点选"16"（标准段 1 的纵筋）。点击"确定"按钮，回到上一页面，可看到"类型"按钮后的纵筋规格变为"B16"，图 8-19B。

图 8-19B "纵筋规格"变为"B16"

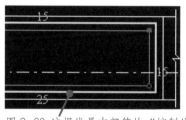

图 8-20 这根线是中部筋的"控制线"

构件图像中，端部角筋已自动加入，其规格也自动改为"B16"，只需再添加"中部筋"。

点击"添加钢筋"按钮，将光标移动到中部筋所在的"控制线"上，图 8-20，光标变成"小手"形状，点击控制线，点一下加入一根中部筋。

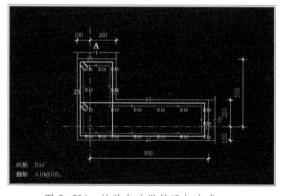

图 8-21A 柱肢各边纵筋添加完成

添加完成后配筋如图 8-21A。点击"墙柱纵筋"设置区的"显示控制"按钮，图 8-21B，图像中纵筋位置显示出规格。

图 8-21B 纵筋的"显示控制"按钮

图 8-22 "墙柱箍筋"设置区

② 输入"墙柱箍筋"

点击"墙柱箍筋"设置区的"类型"按钮，图 8-22，弹出"箍筋类型"对话框，图 8-23，其中可设 3 种箍筋。在"第 1 种"中依次输入级别"HPB235"（点选）、直径"8"（点选）、间距"120"（键盘输入），点击"确定"按钮。回到上一页面，可看到"类型"按钮后箍筋规格变为"A8@120"，图 8-24。

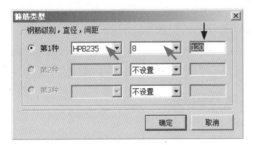

图 8-23 "箍筋类型"对话框

图 8-24 箍筋规格变为"A8@120"

墙柱图像中，两向柱肢的封闭箍筋已按所设参数默认加入，只需再添加"拉筋"。点击"添加拉筋"按钮，将光标移到设拉筋的中部筋位置点，光标变成"小手"形状，在上、下两根中部筋位置点上点击，则加入一根拉筋，图 8-25A。拉筋加入完成后如图 8-25B。

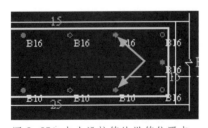

图 8-25A 点击设拉筋的纵筋位置点

注：如果需要添加的是四边形的局部箍筋，则点击"添加四边形"按钮，然后在设箍筋的四根纵筋位置点点击。

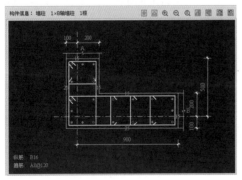

图 8-25B 拉筋添加完成

点"墙柱箍筋"设置区的"显示控制"按钮，图 8-26，然后将鼠标光标移动到图像中箍筋或拉筋位置，图像中显示出其规格。

至此，"标准段 1"的截面尺寸、配筋输入完成。

图 8-26 箍筋的"显示控制"按钮

（3）输入"标准段2"、"标准段3"的参数

图 8-27 "标准段复制"按钮

操作提示：进行后续标准段参数输入时，可使用"标准段复制"功能，图 8-27，利用已经输入完成标准段的参数。

首先，在"标准段下拉框"中选择"标准段2"，图 8-28。

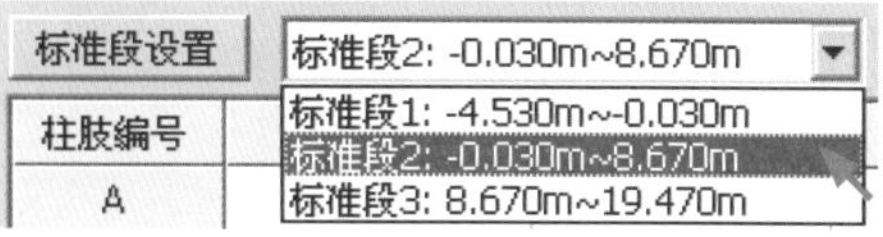

图 8-28 选定下一标准段

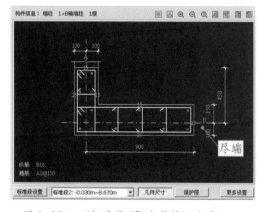

图 8-29 "标准段复制"对话框

之后，点击"标准段复制"按钮，弹出"标准段复制"对话框，图 8-29，在"请选择参考标准段"下拉框中，点选"标准段1"，然后点"确定"，则图像区显示出"标准段1"的图像及全部参数。按"标准段2"的参数修改相应参数。

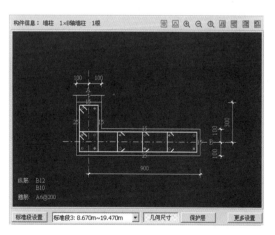

图 8-30A "标准段2"参数输入完成

图 8-30A 为输入标准段2参数后的图像。外侧保护层，与标准段1保持一致。

另外，此墙柱"X向柱肢右端"因是洞口变为"尽端"。在"几何尺寸"页面"柱肢B"的"端头形式"单元格设定其为"尽端"，图 8-30B。

注：设置"尽端"用于在"钢筋位置示意图"准确显示墙柱截面，与翻样计算无关。

图 8-30B 设置"尽端"

将"标准段2"复制为"标准段3"。图 8-31 为输入参数后的标准段3的图像，墙外侧保护层仍与标准段1保持一致。

图 8-31 "标准段3"参数输入完成

图 8-32　设置纵筋的两种直径

注意："标准段 3"的纵筋规格为 2 种。软件中的处理方法，图 8-32，在"纵筋类型"对话框的"直径 1"、"直径 2"中分别设置所需直径，然后先点选"直径 1"，在图像区对应位置添加，完成后进入"纵筋类型"对话框，再点选"直径 2"，再回到图像中添加完成。

（4）纵向钢筋"高低位"准确对应

按纵筋连接构造要求，每一标准段墙柱纵筋接头位置，在本标准段中根与根、排与排之间应高低间隔设置，上、下标准段同一位置点的纵筋宜高位对应高位、低位对应低位。

添加钢筋时，软件已自动按照构造要求，为每一根纵筋设置了高低位。但是，由于每一标准段纵筋数量的变化，软件自动设定的纵筋高低位，在上、下标准段同一位置点上不一定准确对应，在本标准段的排与排、根与根之间不一定间隔设置，因此需要仔细查看图像中每一标准段每一根纵筋的高低位，将上、下段未准确对应的进行对应，将本标准段未间隔设置的进行修正，以满足构造要求。

按构造要求，无论上、下标准段纵筋数量是否相同，上、下标准段同一位置点的纵筋必须能通则通。因此，应首先设置上、下标准段"同一位置点"纵筋高低位对应。

看一下本示例各标准段中"同一位置点"的纵筋。

标准段 1 和标准段 2 的截面尺寸差异大，长度、宽度均不同，只有下面圈住的 2 根纵筋位于同一位置点上，图 8-33A。

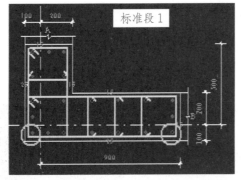
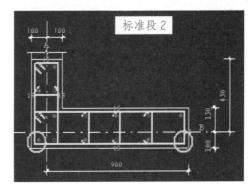

图 8-33A 标准段 1、标准段 2 只有 2 根纵筋位于同一位置点上

标准段 2 和标准段 3 的截面尺寸差异小，X 向柱肢配筋数量相同，图 8-33B 中圈住的 8 根纵筋位于同一位置点上。其中 Y 向柱肢中的 2 根，其下、上标准段纵筋的位置点距离小于 30mm，按同一位置点考虑（软件自动按能通则通构造计算）。

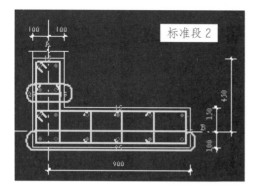
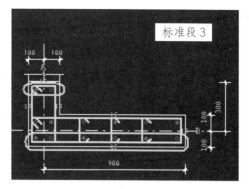

图 8-33B　标准段 2、标准段 3 有 8 根钢筋位于同一位置点上

在软件中设置纵筋高低位时，上、下标准段同一位置点的纵筋设置为准确对应后，再按高低位间隔的构造要求设置本标准段其他位置的纵筋。

墙柱图像中，低位纵筋用空心圆"○"表示，高位纵筋用实心圆"●"表示，图 8-34。"墙柱纵筋"设置区设 3 个按钮，用于各标准段纵筋的高低位设置，图 8-35。

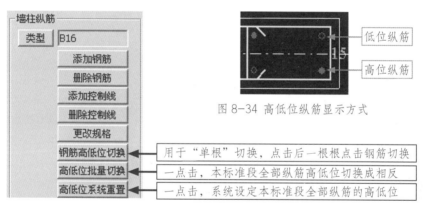

图 8-34　高低位纵筋显示方式

图 8-35　"钢筋高低位切换"按钮

针对本示例，建议设置顺序为：从配筋数量最少的标准段开始。

首先，设置"标准段 3"。点击"高低位系统重置"按钮，让软件自行设定，查看纵筋高低位是否间隔设置。

之后，设置"标准段 2"。标准段 2 与标准段 3 的纵筋数量一致，如果其高低位与标准段 3 对应无误，则不再操作，如果正好相反，点击"高低位批量切换"按钮，切换成对应。

最后，设置"标准段 1"。由于此段的纵筋数量比"标准段 2"多了 4 根位于端部的中部筋，软件在本标准段自动设置的纵筋高低位出现了未准确对应的情况，一是本标准段墙内侧、外侧两排纵筋高低位没有间隔对应，二是与标准段 2 同一位置点的纵筋高低位也没有对应。设置时，这 4 根多出的端部中部筋放在最后考虑。点选"钢筋高低位切换"按钮，先将与"标准段 2"中在同一位置点上的纵筋高低位对应，然后按高低间隔设置其他纵筋，最后设置 4 根端部中部筋高低位，本示例均设为高位。

设置后的高低位，即为图 8-33A、图 8-33B 中的高低位。

至此，"1×B 轴墙柱"钢筋输入完成。

4）第四步：设置墙柱构造细节及优化配筋等各种参数

点击"更多设置"按钮，图 8-36，弹出"更多设置"窗口，窗口中各项参数的含义与框架柱中一致，参见框架柱，相同的不再讲解。

图 8-36 点击"更多设置"按钮

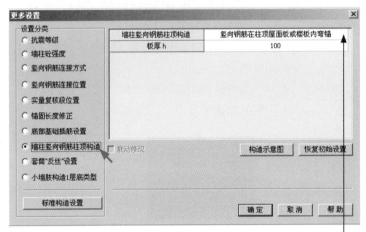

图 8-37A"墙柱竖向钢筋柱顶构造"页面

图 8-37A，第 8 项"墙柱竖向钢筋柱顶构造"选项含有两个选项，图 8-37B。本示例选择"竖向钢筋在柱顶屋面板或楼板内弯锚"。

另外，需在"板厚"格中输入柱顶的"板厚"。本示例输入"100"。

图 8-37B"墙柱竖向钢筋柱顶构造"项的两个选项

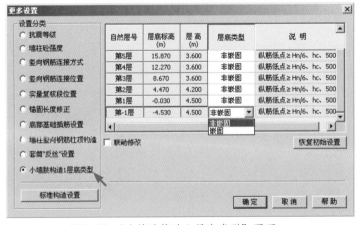

图 8-38"小墙肢构造 1 层底类型"页面

最后一项"小墙肢构造 1 层底类型"，是指当墙柱为"构造 1 形式的小墙肢"时，其每层"层底"类型为"非嵌固"或"嵌固"形式，图 8-38。此项与本示例无关。

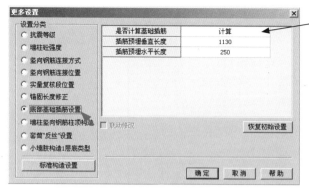

本示例，需为墙柱设"基础插筋"。点选第7项"底部基础插筋设置"，将"是否计算基础插筋"选为"计算"，之后输入插筋的"预埋垂直长度"、"预埋水平长度"，图8-39，点击"确定"，软件将自动按构造设置基础插筋。

图8-39 "底部基础插筋设置"页面

至此，示例墙柱所有参数输入完成。

5）第五步：点击"钢筋计算"按钮，完成钢筋翻样

点击"墙柱数据"页面"确定"按钮，然后点击"钢筋计算"，钢筋翻样完成。

点击"钢筋配料单、钢筋位置示意图"选项卡查看结果，图8-40A、图8-40B。

图8-40A 钢筋配料单

平法钢筋软件 G101.CAC 实例教程

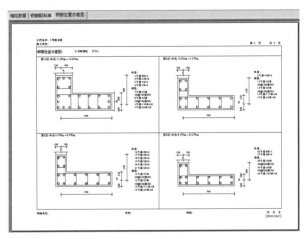

图 8-40B 钢筋位置示意图

6.【实例二】下、上标准段结构形式改变的墙柱

结构中经常有这样的墙柱，下标准段约束墙柱为一完整墙柱，而上标准段墙柱分为几个构造墙柱。

如下图 8-41A，下标准段为完整的 T 形约束翼墙 YYZ10，上标准段分为 3 个构造墙柱，分别为 1 个翼墙 GYZ9 和 2 个构造暗柱 GAZ1，图 8-41B。

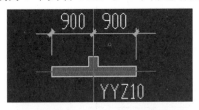

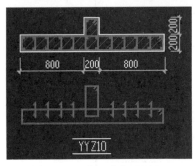

图 8-41A 下标准段 YYZ10

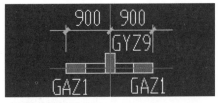

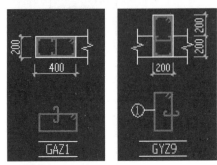

图 8-41B 上标准段 GAZ1 和 GYZ9

遇到这种情况的墙柱，应如何使用 CAC 软件进行钢筋翻样？

通常，我们的直接想法是：从下标准段"顶面标高"位置将墙柱分开为上、下"两截"，下截用"T 形截面"计算，上截用"一字形截面"计算。

但是，这种"分开"使上、下标准段中"需连接的纵筋"分开，不符合结构中竖向钢筋连接构造的要求。而CAC软件中的墙柱为"整体结构构件"，不能在竖向高度上将墙柱分为"几截"，仍必须保持为"自下而上"的完整构件。

而要成为完整构件，一个墙柱的上、下标准段，只能是同一种结构形式的墙柱截面类型，只有这样，上、下标准段的纵筋方可按标准构造进行连接。

因此，当下标准段的整体墙柱，在上标准段被分开为几个独立墙柱时，在软件中，下标准段的整体墙柱，就必须按照上标准段独立墙柱的"结构形式"，对应"取出"几个截面类型相同的"同一结构形式"墙柱，将钢筋分配在其中，则上、下标准段纵筋及其箍筋可在自下而上完整的墙柱构件中统一计算。

本示例，按上标准段墙柱结构形式及截面，下标准段对应"取出"与其结构形式和截面类型相同的几个墙柱，配筋分配如图8-42中所示。

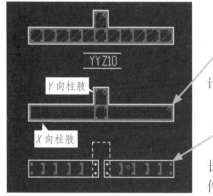

"取出"的第一个墙柱：

为"翼墙"结构形式截面，计算 Y 向柱肢全部配筋，计算 X 向柱肢的封闭箍筋。

"取出"的第二、三个墙柱 (本示例这两个墙柱相同)：

为"暗柱"结构形式截面，计算其纵筋、拉筋。柱肢长度必须取到 Y 向柱肢角筋位置，并再加一个墙保护层 (软件中必须有)，即增加"2 个保护层＋1 个纵筋直径"。

图8-42 从下标准段 YYZ10"取出"的墙柱

相应地，在软件中设两个墙柱构件"墙柱1"、"墙柱2"(因左右相同，计算 GAZ1 的"墙柱2"的数量为"2")，即可将上、下标准段的全部纵筋及箍筋准确翻样完成。如图8-43A～图8-43D 所示。

注意：下标准段纵筋高低位对应。

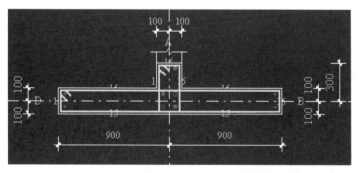

图8-43A，"墙柱1"的"下标准段"截面及配筋，为"翼墙"截面，计算 YYZ10 墙柱 Y 向柱肢的全部配筋及 X 向柱肢中的封闭箍筋。

图8-43A　"墙柱1"的"下标准段"截面及配筋

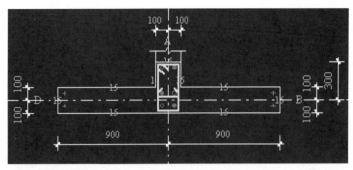

图 8-43B "墙柱 1"的"上标准段"截面及配筋

图 8-43B，"墙柱 1"的"上标准段"截面及配筋，为"翼墙"截面，计算 GYZ9 的全部配筋。

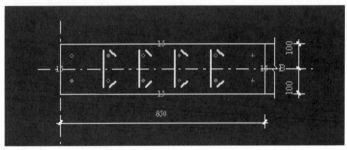

图 8-43C "墙柱 2"的"下标准段"截面及配筋

图 8-43C，"墙柱 2"的"下标准段"截面及配筋，计算 YYZ10 的 X 向柱肢纵筋、拉筋。

注意：柱肢长度取至 Y 向柱肢角筋位置，为"850"，即 800 + 30(两个保护层厚) + 20(角筋直径)。

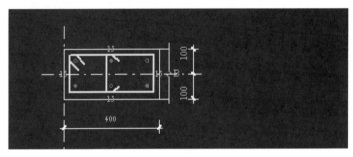

图 8-43D "墙柱 2"的"上标准段"截面及配筋

图 8-43D，"墙柱 2"的"上标准段"截面及配筋，计算 GAZ1 的全部配筋。

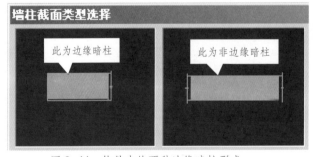

图 8-44 软件中的两种边缘暗柱形式

注意：在"墙柱截面类型选择"窗口中选择截面类型时，暗柱截面注意选择为"边缘暗柱"截面，图形中，"边缘暗柱"的左端为"尽端"，图 8-44。

7.【实例三】组合形式的多柱肢墙柱

软件为我们提供了14种截面类型的墙柱，实际工程中，一些组合形式的墙柱，柱肢众多，不在这14种范围内，遇到时如何处理？

看图8-45A、图8-45B中电梯间左下方的墙柱，"下标准段"为约束墙柱"YJZ12"，"上标准段"变为三个构造墙柱，分别为"GJZ5、GYZ1、GYZ8"。

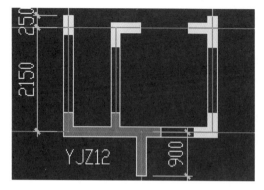
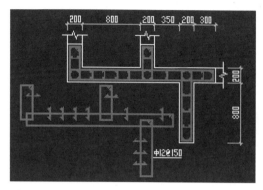

图8-45A　下标准段YJZ12

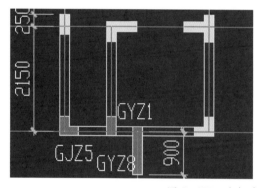
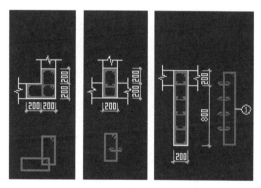

图8-45B　上标准段GJZ5、GYZ1、GYZ8

将下标准段的YJZ12截面与软件中的14种基本截面类型比较一下，图8-46A、图8-46B。

经过对比，YJZ12截面比软件中"第11种"截面类型多出了一个左侧柱肢。

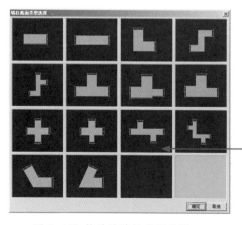

图8-46A 软件的墙柱截面类型

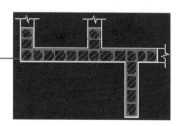

图8-46B YJZ12截面

结合上标准段的独立墙柱的结构形式和截面，下标准段"取出"的墙柱截面及其配筋如图 8-47A、图 8-47B 中所示。

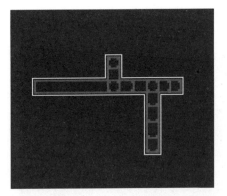

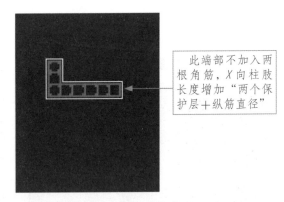

此端部不加入两根角筋，X 向柱肢长度增加"两个保护层＋纵筋直径"

图 8-47A 第一部分直接取软件中已有截面   图 8-47B 第二部分取为"转角墙"截面

还有一个"细节之处"应该考虑，看图 8-48A、图 8-48B 的说明。

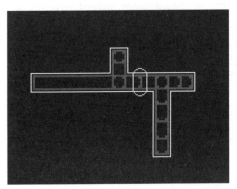

图 8-48A，"下标准段"圈住位置的墙柱纵筋，与上标准段"墙身"中的"竖向分布筋"位于同一位置点，属于能通则通构造。因此在"下标准段"中应计算这个位置的"墙身竖向分布筋"。

图 8-48A "下标准段"圈住位置的墙柱纵筋

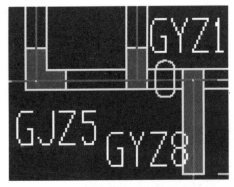

图 8-48B，圈住的位置为"上标准段"的"墙身"，长度 350，墙身竖向筋间距 200，此处有 2 根竖向分布筋，与"下标准段"的"墙柱纵筋"位于同一位置点。在"上标准段"中计算这两根"墙身竖向筋"及其"拉筋"。计算墙身时，此处的两根墙筋及拉筋不再计算。

图 8-48B "上标准段"的墙身

软件中的"墙柱 1、墙柱 2"的截面及配筋如图 8-49A ～图 8-49D 所示。注意每一标准段纵筋高低位准确对应。

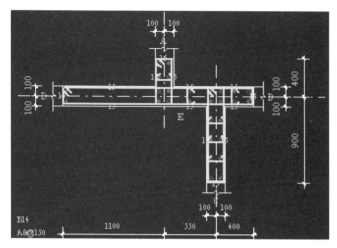

图 8-49A "墙柱 1"下标准段的截面及配筋

图 8-49A，是"墙柱 1"下标准段的截面及配筋。

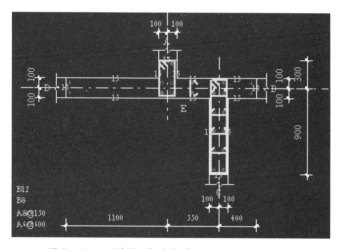

图 8-49B "墙柱 1"上标准段的截面及配筋

图 8-49B，是"墙 柱 1"上标准段的截面及配筋，为 GYZ1、GYZ8 的全部配筋，以及两根"墙竖向分布筋"及其"拉筋"。

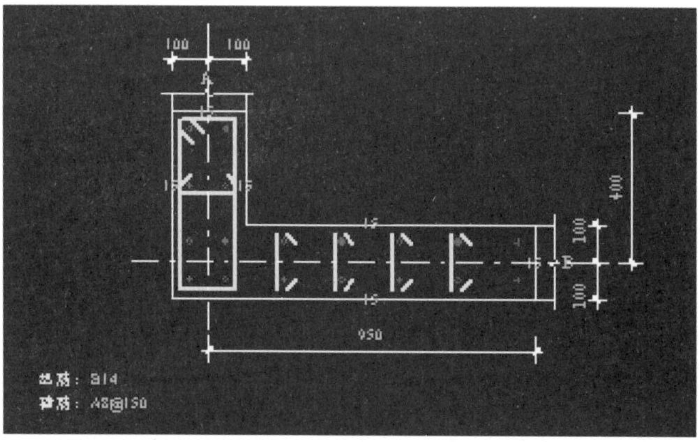

图 8-49C "墙柱 2"下标准段的截面及配筋

图 8-49C，是"墙柱 2"下标准段的截面及配筋。X 向柱肢中不设箍筋，不设右端部的两根角筋，长度增加"两个保护层厚度＋纵筋直径"，为"950"。

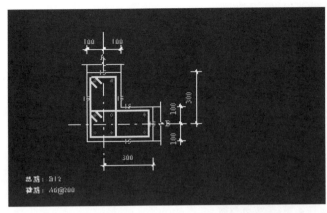

图 8-49D，是"墙柱 2"的上标准段截面及其配筋，为 GJZ5 的全部配筋。

图 8-49D "墙柱 2"的上标准段截面及其配筋

二、墙身钢筋翻样

1．墙身的结构特点

（1）随着墙身厚度和配筋变化，剪力墙"墙身"划分为上、下标准段。

（2）墙身中含有多种构件，包括连梁、暗梁、边框梁、洞口、洞口边缘暗柱、约束墙柱的非阴影区，每一种构件各有其配筋。

（3）墙身中洞口可分为两类，一类是水、电、暖等管道的洞口，尺寸一般较小，上下左右四边设有加强筋，一类是门、窗等洞口，左、右两边设暗柱，洞口上方设连梁，当连梁高度较高时，其中或设有竖向分布筋。

（4）墙身配筋由竖向分布筋、水平分布筋及拉筋组成。随着边缘构件的不同，水平筋在边缘构件中的构造也不同。尤其是转角墙位置的构造，需综合考虑两个方向墙身中的水平筋。

（5）连梁及暗梁（边框梁）的侧向纵筋，多为墙身水平分布筋，约束墙柱非阴影区的竖向纵筋多为墙身竖向分布筋。

2．软件中墙身钢筋翻样过程

墙身贯穿各楼层，软件一次性计算完成一段墙身从底层到顶层的全部钢筋翻样。根据施工进度只需取部分楼层的钢筋加工时，则在加工料单中汇总有关楼层。

墙身的钢筋翻样过程，可分为以下几个步骤：

第一步：添加墙身；

第二步：划分标准段；

第三步：输入墙身及其组成构件的截面尺寸、配筋信息；

第四步：设置与墙身构造细节及优化配筋等的各种参数（包括：设置插筋、优化配筋接头位置等各项有关参数）；

第五步：点击"钢筋计算"按钮，完成钢筋翻样。

3.【实例一】墙身钢筋翻样

图Ⅷ-2示例墙身来自某住宅，"竖向标高"根据前面章节的"示例工程"作了修改。与本墙身计算无关的尺寸及配筋数据从施工图中去除。

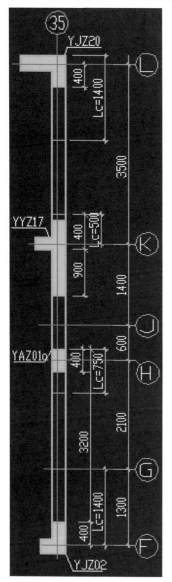

标准段1(基础顶～-0.03)

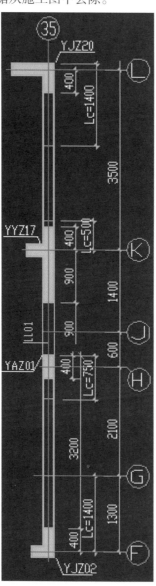

标准段2(-0.03～8.67)

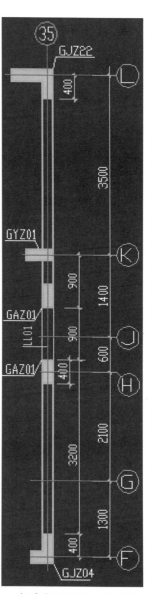

标准段3(8.67～19.47)

图Ⅷ-2　示例墙身

剪 力 墙 身 表						
编号	标高	墙厚	水平分布筋	垂直分布筋	拉筋	备注
Q2-1	基础顶～-0.03	250	Φ12@200	Φ12@200	Φ6@400×400	-1层挡土墙，土侧150
	-0.03～8.67	200	Φ8@200	Φ8@200	Φ6@600×600	
Q3-1	8.67～19.47	200	Φ8@200	Φ8@200	Φ6@600×600	均为Q3-1

剪 力 墙 连 梁 表						
编号	所在楼层号	梁截面 ($b×h$)	上部纵筋	下部纵筋	箍筋	备注
LL01	1～2	200×400	2Φ16	2Φ16	Φ8@100(2)	腰筋 4Φ10
	3～5	200×400	2Φ14	2Φ14	Φ8@100(2)	

在软件中，对这段墙身进行钢筋翻样。

图 8-50 添加墙身操作（按鼠标右键）

1）第一步：添加墙身

看图 8-50，根据示例图，墙身起始标高为 −4.53，即"第 −1 层"结构层楼面标高。因此在"第 −1 层"中添加。

双击展开"第 −1 层"，右键点击"剪力墙"构件夹，弹出右键菜单，点击第二行"添加 墙身"，弹出"添加墙身编号"窗口，图 8-51。点击"添加墙身"按钮，弹出"添加墙身"对话框，见图 8-52。

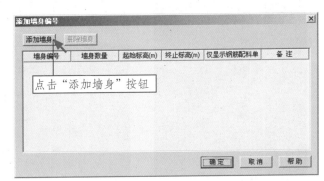

8-51 "添加墙身编号"窗口

"添加墙身"对话框中只有一项参数"件数"，本示例按软件默认的"1"件。直接点击"确定"按钮，回到"添加墙身编号"窗口，窗口加入了墙身数据行，图 8-53。

图 8-52 添加墙身对话框

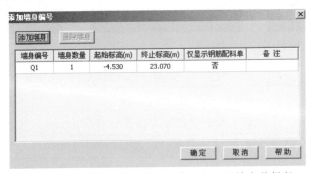

墙身编号	墙身数量	起始标高(m)	终止标高(m)	仅显示钢筋配料单	备 注
Q1	1	-4.530	23.070	否	

图 8-53 "添加墙身编号"窗口加入了墙身数据行

在"墙身编号"中输入"35×F-L轴墙身"，"起始标高"的"-4.53"不改，"终止标高"改为"19.47"，"备注"中输入"35×F-L轴墙身Q2-1、Q3-1"，图8-54。

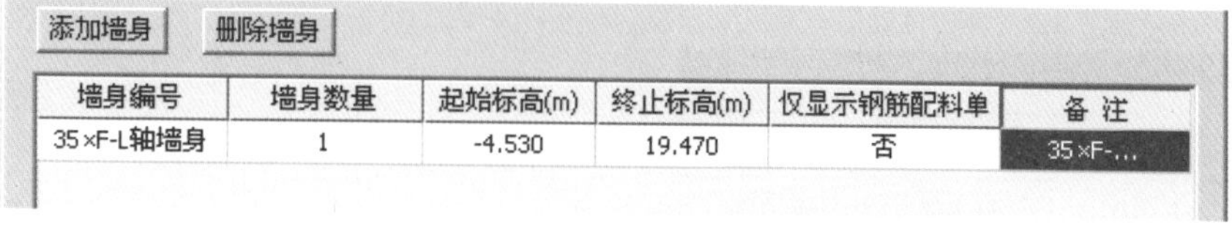

添加墙身	删除墙身				
墙身编号	墙身数量	起始标高(m)	终止标高(m)	仅显示钢筋配料单	备 注
35×F-L轴墙身	1	-4.530	19.470	否	35×F-...

图8-54　修改后的墙柱编号、标高、备注

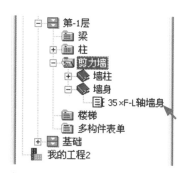

点"确定"按钮，屏幕左侧"第-1层"的"剪力墙"下，加入了"墙身"子构件夹及"35×F-L轴墙身"编号，至19.47标高的各楼层也加入此墙身，图8-55。墙身添加完成。

图8-55　"第-1层"及至19.47标高各楼层加入"35×F-L轴墙身"

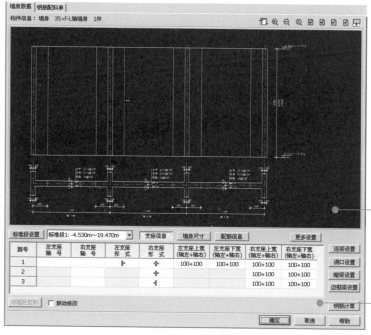

点击"35×F-L轴墙身"，页面右侧显示出"墙身数据"页面，上方为"墙身图像区"，下方为"参数表格区"。墙身图像及参数为软件默认，见图8-56。

图8-56　"墙身数据"页面

2）第二步：划分标准段、输入跨长、边缘构件属性

"35×F-L轴墙身"分为3段。标准段1(Q2-1)起止标高"-4.53～-0.03"，标准段2(Q2-1)起止标高"-0.03～8.67"，标准段3(Q3-1)起止标高"8.67～19.47"。

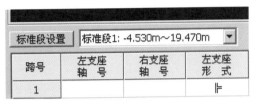

点击"标准段设置"按钮，图8-57，弹出"标准段设置"窗口，图8-58。

图8-57 点击"标准段设置"按钮

"标准段设置"窗口中设有两部分参数，一为"剪力墙跨数"及其各跨"跨长"；二为"标准段设置"及其"标高、边缘构件属性"。

图8-58 "标准段设置"窗口

划分标准段时注意：每一标准段的"各楼层层高必须一致"。软件中，每一标准段只能加入一种高度的洞口，当同一标准段有两种楼层层高时，其中一种层高的楼层其洞口高度或连梁高度必会出现误差。

输入跨号时注意：软件中墙身图像，只能以"自左至右"的 X 向显示。本示例墙身方向在施工图中为 Y 向，与"自左至右"对应的跨号顺序应为"自下而上"。

输入跨长时注意：软件中，输入的跨长是轴线跨长，轴线位置将用来设置墙柱。如果洞口两边的暗柱不在轴线位置上，可在添加洞口时随洞口一起添加，但添加的只能是构造暗柱。如果洞口两边的墙柱为约束墙柱且不在轴线位置上，就需要自行增设一根轴线用于设置约束墙柱。

首先，进行标准段设置。在"终止标高"下拉框中点选"各标准段标高"，点选"边缘构件属性"。本示例"标准段2"所在楼层的第1层和第2层"层高"不同，分别为4.50m和4.20m，因此"标准段2"需再划分成2个标准段，分别为"标准段2（-0.03m～4.47m）"和"标准段3（4.47m～8.67m）"，如此，墙身划分为"4个"标准段，图8-59。

其次，设置"剪力墙跨数"及其"跨长"。本示例分为3跨即可。下端跨号为1，中间跨号为2，上端跨号为3。

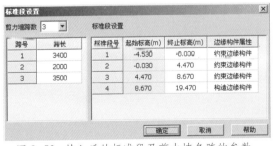

图8-59 输入后的标准段及剪力墙各跨的参数

本示例墙身的标准段2（窗口中为标准段2和标准段3）的 H 轴的暗柱为约束墙柱，在轴线上；标准段3（窗口中为标准段4）洞口边的暗柱不在轴线上，为构造暗柱，可随洞口一起添加。本示例墙身中不含不在轴线位置上的约束墙柱，无需增设轴线。

点击"确定"按钮，图像显示区显示出剪力墙的图像，图8-60。

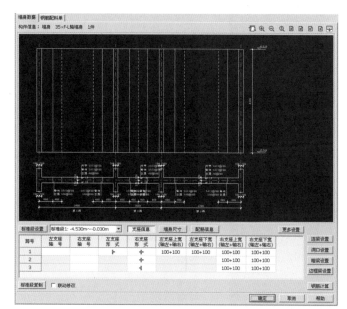

图8-60 构件图像区显示出图像

3）第三步：输入墙身各标准段及其所含构件的截面尺寸、配筋信息

（1）输入"标准段1"的各项参数

在标准段下拉框中，点选"标准段1"，图8-61。图像区的图像及参数表格对应显示为"标准段1"。

图8-61 点选"标准段1"

① 设定支座信息

首先，输入各跨支座轴号。

查看示例图Ⅷ-2，"跨号1"左支座（即Y向墙身下端第一个墙柱）轴号为"F"，右支座轴号为"H"；"跨号2"右支座轴号为"K"；"跨号3"右支座轴号为"L"（上一跨的"右支座轴号"即是下一跨的"左支座轴号"）。

在"支座信息"页面跨号1的"左支座轴号"单元格中输入"F"，"右支座轴号"输入"H"；跨号2、跨号3的"右支座轴号"输入"K"、"L"，图8-62A。图像中对应显示出轴号，图8-62B。

跨号	左支座 轴　号	右支座 轴　号
1	F	H
2		K
3		L

图8-62A 输入完成的轴号

图8-62B 墙身图像中显示出轴号

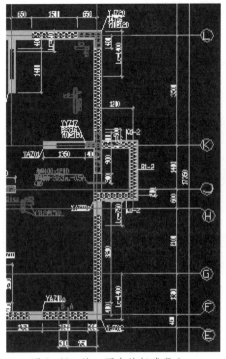

图 8-63 施工图中的标准段 1

接下来，输入支座形式。

墙身的"端部支座"形式，决定水平筋的连接构造方式，在软件中设定"端部支座形式"时，需同时选择水平筋的连接构造方式。

水平筋直接穿过墙身的"中间支座"，因此在软件中只需选择中间支座的相应形式。

看一下本示例墙身下标准段 1 的施工图，图 8-63，两端均为转角墙，因此，两个方向墙身水平筋连接构造，可选定为 11G101-1 图集 68 页"转角墙（一）、（二）、（三）"构造中的任一种形式。针对"转角墙（一）"的"在转角一侧交错搭接"构造，软件相应提供了两种方式，一是在"本墙身中搭接"（转角墙构造一 a），二是"转到另一向墙身中搭接"（转角墙构造一 b）。如本墙身设定为"转角墙构造一 a"，则计算另一向墙身时，必须选择"转角墙构造一 b"，与本墙身对应。

本示例中"本墙身"墙身长度较长，我们设定为"转角墙构造一 a"构造。

双击跨号 1"左支座形式"单元格，图 8-64A，弹出"选择墙身两端支座形式"窗口，图8-64B，窗口左侧图例区列出水平筋各种连接构造。

跨号	左支座轴 号	右支座轴 号	左支座形 式
1	F	H	⊩

图 8-64A 双击跨号 1 左支座形式单元格

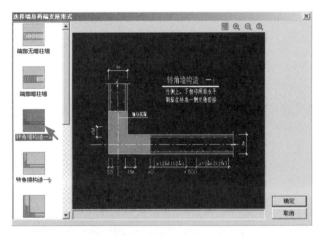

图 8-64B "选择墙身两端支座形式"窗口

本示例为"转角墙构造一 a"，点击左侧"转角墙构造一 a"图例，窗口右侧图像区显示其构造图像，点击"确定"按钮，则"左支座形式"单元格中显示出"1a"，图 8-64C。

设定支座形式后，墙身图像中对应位置的支座形式随之改变。

图 8-64C 设定的左支座形式

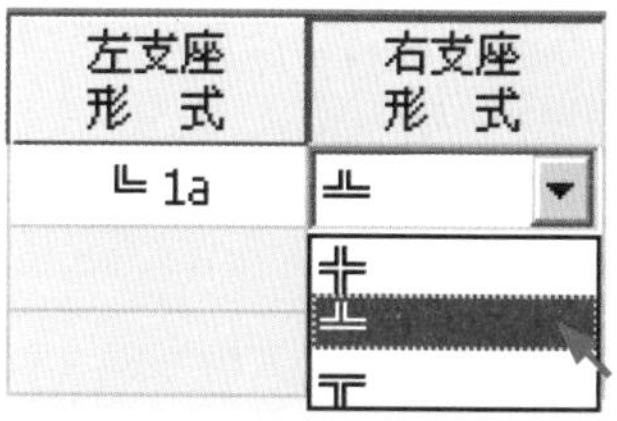

图 8-65　设定跨号 1 右支座形式

跨号 1 右支座 (H 轴) 为非边缘暗柱，点击"跨号 1"的"右支座形式"下拉单元格，图 8-65，其中有三种形式，但未设"一字形"。选择第二种"倒 T 形"，输入参数时将其"支座上宽"设为"0"即可形成"一字形"。

图 8-66　支座形式设定完成

设定跨号 2 右支座 (K 轴) 形式为"倒 T 形"。

设定跨号 3 右支座 (最右端 L 轴) 形式为"转角墙构造一 a"。

支座形式设定完成，如图 8-66。

接下来，输入支座上宽。

软件中"墙身跨度"为轴线跨度，因此支座上宽为"轴左+轴右"格式。

"支座上宽"在墙身图像中有默认参数，直接在图像中点击默认参数，光标对应到参数单元格。

提示：如图像显示得小，看不清参数，可点击图像，转动鼠标滑轮放大图像，放大后可按住鼠标左键"点住"图像，上下左右移动，显示出所需参数。也可直接在单元格中点击输入。

本示例各"支座上宽"如下：

跨号 1：F 轴左支座上宽 150+100，H 轴右支座上宽 0+0（如此形成"一字形"）；

跨号 2：K 轴右支座上宽 100+100（内墙厚 200）；

跨号 3：L 轴右支座上宽 100+150。

输入这些参数，图 8-67。输入后，"墙身图像中的支座"按参数变化。

图 8-67　墙身"支座信息"全部输入完成

② 输入墙身尺寸

点击墙身图像中各跨的各项"墙身尺寸"参数，光标自动定位到"墙身尺寸"表格页面的对应单元格，按照从左至右的顺序，依次点击图像中各项参数，输入新参数。

跨号 1 的 F 轴"左支座阴影区长度"为 400，"左支座非阴影区长度"为 900；跨号 1 的 H 轴"右支座非阴影区长度"为 300，"右支座阴影区长度"为 200。

"墙身厚度"，软件表示方式为"下宽 + 上宽"（"下宽"在前），为 150+100。

"保护层厚度"，软件表示方式为"下侧／上侧"（"下侧"在前）。本示例标准段 1 设计环境类别为"二 b"类，墙外侧保护层厚度为 25，墙内侧为 15，软件中输入格式"25/15"。

跨号 1 墙身参数输入完成。

同样方式，输入跨号 2、跨号 3 墙身参数，输入后如图 8-68。

注意：跨号 2 的"左非长度阴影区"、"右非阴影区长度"均为"0"。

标准段设置	标准段1: -4.530m~-0.030m ▼	支座信息	墙身尺寸	配筋信息			
跨号	跨度	墙身厚度 （下宽+上宽）	竖向钢筋保护层 （下侧/上侧）	左阴影区(墙柱) 长度	左非阴影区 长度	右阴影区(墙柱) 长度	右非阴影区 长度
1	3400	150+100	25/15	400	900	200	350
2	2000	150+100	25/15	200	0	900	0
3	3500	150+100	25/15	400	100	400	900

图 8-68　"墙身尺寸"参数全部输入完成

③ 输入配筋信息

从左至右点击图像中各项钢筋参数，光标定位到"配筋信息"表格中对应单元格，在其中输入参数。

跨号 1 含有左、右支座的非阴影区，支座非阴影区的竖向配筋在施工图结构总说明中设定为墙身竖向分布筋、间距 100；支座非阴影区的拉筋同墙身拉筋，竖向间距同墙柱箍筋竖向间距 120。

按"配筋信息"表格中的默认格式输入"左非阴影区竖向钢筋"参数"2B12@100"（为"排数、级别、直径、间距"），"右非阴影区竖向钢筋"参数"2B12@100"；输入"左非阴影区拉筋"参数"9A6@120"（为"根数、级别、直径、间距"，其中"根数"为水平方向的根数，需自行计算出来），输入"右非阴影区拉筋"参数"4A6@120"。

提示：此示例中非阴影区未设封闭箍筋，如有，则在"墙柱"中计算。

输入跨号 1 的墙身"水平钢筋"、"竖向钢筋"、"拉筋"，分别为"2B12@200"、"2B12@200"、"A6@400"。

同样方式输入完成跨号 2、跨号 3 的配筋参数，其中跨号 2 不含支座的非阴影区。

输入完成后，标准段 1 各跨的配筋参数如图 8-69。

标准段设置	标准段1: -4.530m~-0.030m ▼	支座信息	墙身尺寸	配筋信息			
跨号	墙身 水平钢筋	墙身 竖向钢筋	墙身拉筋	左非阴影区 竖向钢筋	左非阴影区 拉筋	右非阴影区 竖向钢筋	右非阴影区 拉筋
1	2B12@200	2B12@200	A6@400	2B12@100	9A6@120	2B12@100	4A6@120
2	2B12@200	2B12@200	A6@400				
3	2B12@200	2B12@200	A6@400	2B12@100	A6@120	2B12@100	9A6@120

图 8-69　"配筋信息"参数全部输入完成

标准段 1 全部参数输入完成。接下来输入标准段 2 的各项参数。

（2）输入"标准段 2"的各项参数（即施工图中标准段 2 的"-0.03～4.47m"段落）

① 复制标准段 1，输入墙身配筋参数

到了标准段 2，可使用"标准段复制"功能。

在"标准段"下拉框中选定"标准段 2"，图 8-70A，点击"标准段复制"按钮，图 8-70B，在弹出的"标准段复制"窗口选择"第 1 标准段"，图 8-70C，点击"确定"按钮。标准段 1 图像及参数复制为标准段 2。

图 8-70A　在标准段下拉框中选定"标准段 2"

图 8-70B 点击"标准段复制"按钮

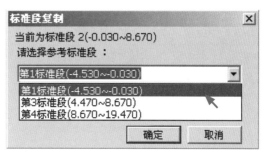

图 8-70C 在"标准段复制"窗口选择"第 1 标准段"

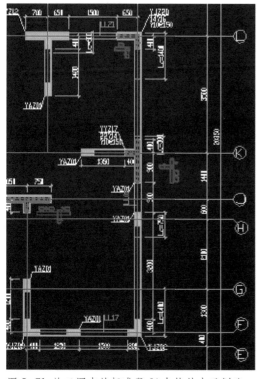

图 8-71 施工图中的标准段 2(在软件中又划分为两个标准段，为标准段 2 和标准段 3)

看一下标准段 2 的各项参数及其施工图，图 8-71。

未改变的参数有 3 项：

第 1 项，墙柱形式未改变。

第 2 项，墙水平筋连接构造方式不变。

第 3 项，墙柱非阴影区长度不变。

改变的参数有：

第 1 项，各跨墙厚变为 200，支座上宽相应变为 200。

第 2 项，保护层厚度，结构总说明中定为"一类"，墙外侧改变为 15，墙内侧 15 不变。

第 3 项，墙身水平筋和竖向筋直径变为 8，墙身拉筋间距变为 600×600。

第 4 项，非阴影区纵筋随墙筋改变，拉筋竖向间距随墙柱变为 200。

第 5 项，跨号 2(H-K 轴) 墙身变为洞口，上为连梁 LL01，截面尺寸及配筋见示例图Ⅷ-2。

将标准段 2 中与标准段 1 不同的参数输入，输入后的各页面参数如图 8-72～图 8-74。

| 标准段设置 | 标准段2: -0.030m～4.470m ▼ | 支座信息 | 墙身尺寸 | 配筋信息 |

跨号	左支座轴号	右支座轴号	左支座形式	右支座形式	左支座上宽(轴左+轴右)	左支座下宽(轴左+轴右)	右支座上宽(轴左+轴右)	右支座下宽(轴左+轴右)
1	F	H	⌐ 1a	⌐	100+100		0+0	
2		K		⌐			100+100	
3		L		⌐ 1a			100+100	

图 8-72 输入完成的标准段 2 的"支座信息"参数

| 标准段设置 | 标准段2: -0.030m～4.470m ▼ | 支座信息 | 墙身尺寸 | 配筋信息 |

跨号	跨度	墙身厚度(下宽+上宽)	竖向钢筋保护层(下侧/上侧)	左阴影区(墙柱)长度	左非阴影区长度	右阴影区(墙柱)长度	右非阴影区长度
1	3400	100+100	15/15	400	900	200	350
2	2000	100+100	15/15	200	0	900	0
3	3500	100+100	15/15	400	100	400	900

图 8-73 输入完成的标准段 2 的"墙身尺寸"参数

| 标准段设置 | 标准段2: -0.030m～4.470m ▼ | 支座信息 | 墙身尺寸 | 配筋信息 |

跨号	墙身水平钢筋	墙身竖向钢筋	墙身拉筋	左非阴影区竖向钢筋	左非阴影区拉筋	右非阴影区竖向钢筋	右非阴影区拉筋
1	2B8@200	2B8@200	A6@600	2B8@100	9A6@200	2B8@100	4A6@200
2	2B8@200	2B8@200	A6@600				
3	2B8@200	2B8@200	A6@600	2B8@100	A6@200	2B8@100	9A6@200

图 8-74 输入完成的标准段 2 的"配筋信息"参数

② 添加连梁并输入其参数

首先，添加连梁 (暗梁、边框梁添加设置方式与连梁相同)。

连梁设在洞口上方。墙身跨内洞口，一种是局部洞口，上下左右设加强筋、加强梁、连梁、暗柱等；一种是整跨墙身均为洞口，仅洞口上方设置连梁。

相应地，软件中连梁也有两种设置方式，局部墙身洞口时，需先添加洞口再添加连梁；整跨墙身洞口时，可直接添加连梁。本示例连梁所在洞为整跨墙身洞口，可直接添加。

点击参数表格区右侧的"连梁设置"按钮，图 8-75，弹出"连梁设置"窗口，图 8-76。点击下方"新建"按钮，弹出"连梁新建"窗口，图 8-77。

图 8-75 点击"连梁设置"按钮

图 8-76 "连梁设置"窗口，点击其中"新建"

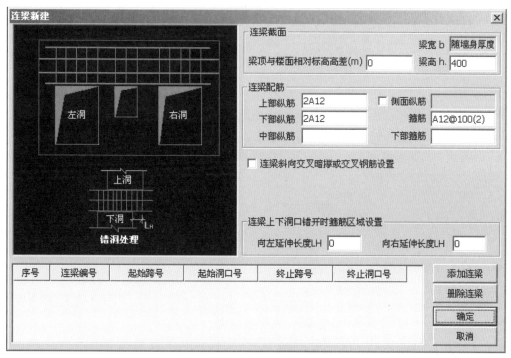

图 8-77　"连梁新建"窗口

其次，输入连梁位置参数。

点击"添加连梁"按钮，空白的"连梁位置参数区"加入数据行，图 8-78。在"连梁编号"中输入"LL-01"，"起始跨号"点选输入"2"，"起始洞口号"点选输入"洞 1"（此洞口编号为软件自动编辑），"终止跨号"点选输入"2"，"终止洞口号"点选输入"洞 1"。

图 8-78　输入连梁基本信息

接下来，输入"连梁截面"参数。

在本窗口的"连梁截面"参数区，"梁高 h"输入"400"，"梁顶与楼面相对标高高差"输入"0"，"梁宽 b"按软件默认"随墙身厚度"；输入后如图 8-79。

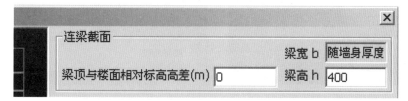

图 8-79　输入 LL-01 的"连梁截面"参数

再下来，输入"连梁配筋"。

图 8-80 输入 LL-01 的"连梁配筋"参数

在窗口"连梁配筋"区输入 LL-01 配筋，图 8-80。注意：本示例 LL-01 腰筋另设计为 4Φ10，需输入。勾选"侧面纵筋"，输入框变为可输入状态，在其中输入"4B10"。

窗口中设有"连梁斜向交叉暗撑或交叉钢筋设置"参数（本示例不含），图 8-81。操作方法：勾选"连梁斜向交叉暗撑或交叉钢筋设置"前面的小方框，显示出"交叉暗撑"或"交叉钢筋"的参数输入框，在其中输入配筋参数。

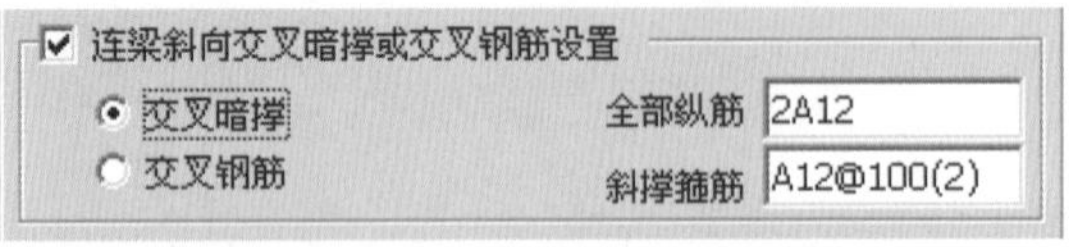

图 8-81 "连梁斜向交叉暗撑或交叉钢筋设置"参数（本示例不含）

窗口设有"连梁上下洞口错开时箍筋区域设置"参数（本示例中不含），图 8-82。

图 8-82 "连梁上下洞口错开时箍筋区域设置"参数（本示例不含）

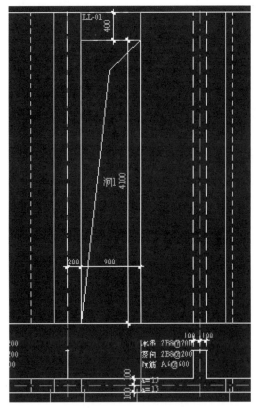

LL-01 参数输入完成，点"确定"按钮，跨号 2 墙身中自动加入"洞 1"及其上方的"LL-01"，图 8-83。

提示：当需对"洞口"或"连梁"参数重新编辑时，可直接点击图像中"洞 1"或"LL-01"编号，弹出"洞口编辑"或"连梁编辑"窗口，在其中输入参数，或进行"删除洞口、删除连梁"操作，图 8-84。

注："删除"操作，需先点选"洞口"或"连梁"，再点"删除"按钮。

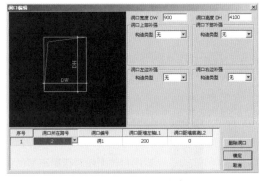

图 8-83 图像中显示出"洞口"及"连梁"

至此，"标准段 2"的参数输入完成。

图 8-84 "洞口编辑"窗口

（3）输入"标准段3"各项参数（即施工图中标准段2的"4.47～8.67m"段落）

使用"标准段复制"功能按钮，将标准段2复制为标准段3。

标准段3与标准段2仅"洞口高度"不同，复制后，按标准段3层高4200、连梁高400，将"洞口1"高度改为3800即可。

（4）输入"标准段4"各项参数（即施工图中的标准段3）

使用"标准段复制"功能按钮，将标准段3复制为标准段4。

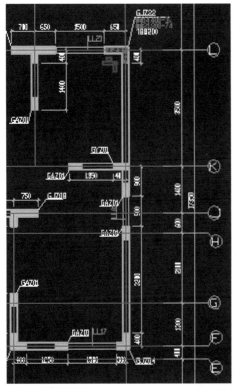

图8-85　标准段4(施工图中为标准段3)

查看标准段4各项参数及施工图(图8-85)。

未改变的参数有5项：

第1项，墙厚未变。

第2项，墙水平筋连接构造方式可以不变。

第3项，墙身三种配筋未变。

第4项，保护层厚度未变。

第5项，洞口位置不变。

改变的参数有：

第1项，墙柱均改为构造墙柱，无非阴影区及配筋。

第2项，跨号2右支座墙柱变为两个构造墙柱。

第3项，连梁上、下纵筋规格改变。

剪力墙跨数 3					
跨号	跨长	标准段	起始标高(m)	终止标高(m)	边缘构件属性
1	3400	1	-4.530	-0.030	约束边缘构件
2	2000	2	-0.030	4.470	约束边缘构件
3	3500	3	4.470	8.670	约束边缘构件
		4	8.670	19.470	构造边缘构件
					约束边缘构件
					构造边缘构件

确定　　取消　　帮助

图8-86　修改"标准段4"的"边缘构件属性"

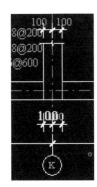

图8-87　修改K轴墙柱的左、右阴影区长度

图8-86，将"标准段3"复制为"标准段4"时，可发现，标准段3的约束墙柱非阴影区及其配筋均复制过来。在"标准段设置"窗口，将"标准段4"的"边缘构件属性"改为"构造边缘构件"，修改后，墙身图像中"非阴影区及其配筋"取消。

标准段4中，K轴墙柱为翼墙GYZ01，墙厚200；"洞1"边增加了暗柱GAZ01，长度400。我们先不考虑GAZ01(可在编辑洞口时加入)，先将轴线处GYZ01编辑完成。点击K轴左右阴影区长度参数，重新输入为"100，100"，图像中墙柱变为构造翼墙，图8-87。

标准段 4 "洞 1" 的高度，与 "标准段 3" 不同，需对其修改。"洞 1" 右边变为 "GAZ01"，需要加入。

点击墙身图像中 "洞 1" 文字，弹出 "洞口编辑" 窗口，在其中进行图 8-88 中的操作。

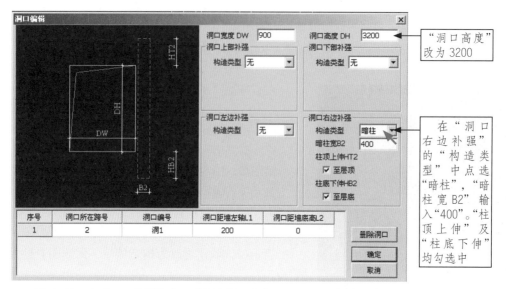

图 8-88　在 "洞口编辑" 窗口重新编辑 "高度" 及设置 "暗柱"

点击 "确定" 按钮，"洞 1" 在墙身图像中修改为如图 8-89 所示。

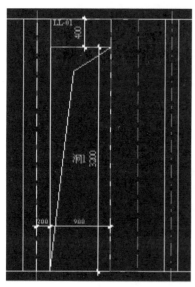

图 8-89　洞 1 图像

最后，修改连梁配筋参数。在图像区点击 "LL-01" 编号，弹出 "连梁编辑" 窗口，在 "连梁配筋" 参数区输入上部纵筋 "2B14"、下部纵筋 "2B14"，图 8-90。

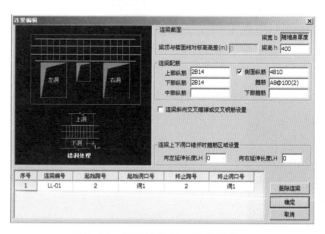

图 8-90　修改连梁 LL-01 的配筋

至此，标准段 4 的参数全部输入完成。各项参数如图 8-91 ～图 8-93 所示。

标准段设置	标准段4: 8.670m～19.470m ▼		支座信息	墙身尺寸	配筋信息		
跨号	左支座 轴号	右支座 轴号	左支座 形 式	右支座 形 式	左支座上宽 (轴左+轴右)	左支座下宽 (轴左+轴右)	右支座上宽 (轴左+轴右)	右支座下宽 (轴左+轴右)
1	F	H	⌐1a	⊥	100+100		0+0	
2		K		⊥			100+100	
3		L		⌐1a			100+100	

图 8-91 标准段 4 的"支座信息"参数

标准段设置	标准段4: 8.670m～19.470m ▼		支座信息	墙身尺寸	配筋信息		
跨号	跨度	墙身厚度 (下宽+上宽)	竖向钢筋保护层 (下侧/上侧)	左阴影区(墙柱) 长 度	左非阴影区 长 度	右阴影区(墙柱) 长 度	右非阴影区 长 度
1	3400	100+100	15/15	400		200	
2	2000	100+100	15/15	200		100	
3	3500	100+100	15/15	100		400	

图 8-92 标准段 4 的"墙身尺寸"参数

标准段设置	标准段4: 8.670m～19.470m ▼		支座信息	墙身尺寸	配筋信息		
跨号	墙身 水平钢筋	墙身 竖向钢筋	墙身拉筋	左非阴影区 竖向钢筋	左非阴影区 拉 筋	右非阴影区 竖向钢筋	右非阴影区 拉 筋
1	2B8@200	2B8@200	A6@600				
2	2B8@200	2B8@200	A6@600				
3	2B8@200	2B8@200	A6@600				

图 8-93 标准段 4 的"配筋信息"参数

4）第四步：设置与墙身钢筋翻样有关的其他各种参数

点击"更多设置"按钮，弹出"更多设置"窗口，窗口中各选项参数含义同"墙柱"。本示例在"底部基础插筋设置"输入插筋参数，如图 8-94 所示，"底层第一列纵筋连接点位置"根据墙柱纵筋高低位设为"低位"。

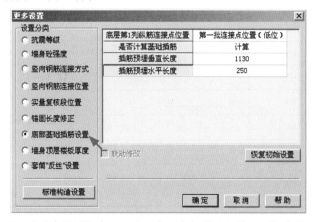

图 8-94 "更多设置"窗口（页面为"底部基础插筋设置"参数页面）

5）第五步：点击"钢筋计算"按钮，完成钢筋翻样

示例墙身全部参数输入完成，点击"墙身数据"主页面右下角"确定"按钮，按钮左侧显示出"【修改已被确定！】"，点击"钢筋计算"按钮，则本示例墙身钢筋翻样完成。点击"钢筋配料单"选项卡，查看钢筋配料单，图8-95。

| 墙身数据 | 钢筋配料单 |

钢筋配料单

工程名称：1号楼主楼　　　　　　　　　　　　　　　　　　　　　　　第 1 页
施工单位：　　　　　　　　　　　　　　　　　　　　　　　　　　　共 8 页

构件编号　35×FL墙墙身 1件 35×FL墙墙身Q2-1、Q3-1

钢筋编号	钢筋规格	间距(mm)	钢筋起点(mm)	钢筋形状(mm)	钢筋长度(mm)	每件根数	总计根数	备注
第-1层(-4.530m~-0.030m)								
1	Φ12	100	1130	250 / 2750 余 418	2973	42	42	基础插筋
2	Φ12	100	1130	250 / 4250 余 418	4473	42	42	基础插筋
第-1层(-4.530m~-0.030m)								
3	Φ12	200		418 余 7182 余 418	7182	23	23	水平分布筋
4	Φ12	200		180 / 9090 / 180	9395	23	23	水平分布筋
5	Φ12	100	1202	418 余 3598 余 300	3598	19	19	竖向分布筋
6	Φ12	100	2702	418 余 2898 余 300	2898	19	19	竖向分布筋
7	Φ12	100	1202	418 余 3268 / 144	3385	23	23	竖向分布筋
8	Φ12	100	2702	418 余 1768 / 144	1885	23	23	竖向分布筋
9	Φ8	100	375	675 余 300	675	19	19	竖向插筋
10	Φ8	100	375	1475 余 300	1475	19	19	竖向插筋
11	Φ6	400		210	407	243	243	墙身拉筋
11	Φ6	120		210	407	1748	1748	非阴影区拉筋
第1层(-0.030m~4.470m)								
12	Φ8	200		360 余 3152 / 80	3214	11	11	水平分布筋转角止于第2跨洞口边筋
13	Φ8	200		120 / 3597 / 80	3760	21	21	水平分布筋转角止于第2跨洞口边筋
14	Φ8	200		360 余 2292 / 80	2354	10	10	水平分布筋转角止于第2跨洞门口边筋

编制单位：　　　　　　审核：　　　　　编制：　　　　　　年 月 日

[G101.CAC]

图8-95 钢筋配料单

4.【实例二】上标准段墙身全部为洞口的墙身

看图 8-96A、图 8-96B，"下标准段"墙柱之间均为"实体墙身"，到了"上标准段"墙身均变为洞口，一些洞口上方为"连梁"，一些洞口上方为"框架梁"。

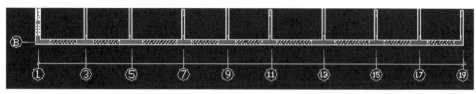

图 8-96A　下标准段

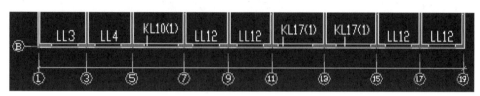

图 8-96B　上标准段

本示例特殊之处在于，"上标准段"的"框架梁"所在跨应如何处理？

作为墙身构件的组成部分，"连梁"可视为"墙身"，"洞口"可视为"墙身"，但"框架梁"为另一种类的结构构件，不可视其为"墙身"，既然不是"墙身"，则"框架梁"所占的空间位置则因"不是墙身"而视其为"洞口"。

因此，上标准段采用如下处理方法：

（1）连梁位置，设洞口及连梁。

（2）框架梁位置，只设洞口，洞口高度为标准段楼层的"层高"。

（3）上标准段的各跨墙身配筋，均必须设置（软件中不能将墙身配筋设为"空"）。

采用这种方法之后，连梁中的水平筋，自可正常计算，其伸到"框架梁"支座边缘时，因"框架梁"高度上也为洞口，软件自动按支座边缘构造来配筋水平筋。

5.【实例三】软件翻样时需自设轴线的墙身

图 8-97A、8-97B 中，墙身虽然很短，但仍需设水平分布筋，下标准段两端的 YAZ01、上标准段两端 GAZ01，施工图中未设轴线，使用软件时，需自行增设两根轴线，用以设置两端部暗柱。

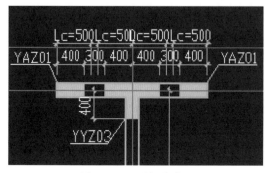

图 8-97A　下标准段

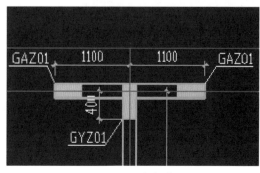

图 8-97B　上标准段

6.【实例四】墙身局部含有小洞口的墙身

图 8-98 为局部含有小洞口的墙身，其洞口四周的补强钢筋在添加"洞口"时直接输入在"洞口编辑"窗口，洞口边的墙身水平分布筋和竖向分布筋，软件会自动按标准构造处理。

图 8-98 局部含有小洞口的墙身

7.【实例五】双洞口设一根连梁的墙身

某跨墙身含有双洞口，且双洞口上方只有一根连梁时，按如下操作。

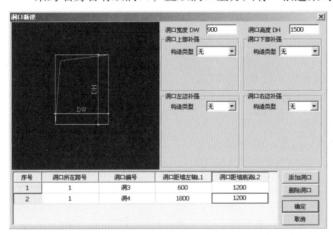

图 8-99A 所示，在"洞口新建"窗口中同时建两个洞口，准确输入每一个洞口位置参数、宽度、高度参数及补强配筋或暗柱等。

提示：也可一次只添加一个洞口，但需要分成两次。

图 8-99A 添加洞口时设两个洞口（看下方洞口参数表格中的两行数据）

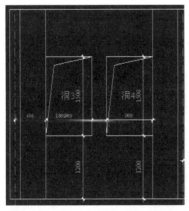

洞口添加完成后，墙身图像中洞口所在跨显示出两个洞口，如图 8-99B 中"洞 3"和"洞 4"。

图 8-99B 图像区洞口所在跨显示出两个洞口

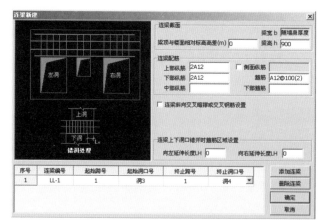

在"连梁新建"窗口加入连梁时，将"起始洞口号"选择为"洞3"，"终止洞口号"选择为"洞4"，图8-99C。点击"确定"后，连梁加入在两个洞口上方，为一根，图8-99D。

图8-99C 添加连梁时注意起始洞口号和终止洞口号的不同

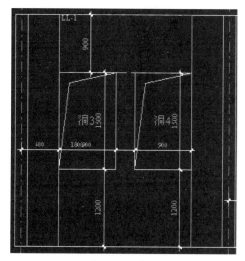

图8-99D 连梁添加在两洞口上方

第九章　梁钢筋翻样

（完成本章学习，约 2 小时）

一、梁的种类

平法图集中，梁包括楼层框架梁 KL、屋面框架梁 WKL、框支梁 KZL、非框架梁 L、悬挑梁 XL、井字梁 JZL 六类，软件中对应设有这六类梁，见图 IX -1，其钢筋翻样过程相同，我们以"楼层框架梁 KL"为例讲解。

图 IX -1 软件中梁的种类

二、梁的结构形式变化

实际工程中，梁的结构形式及配筋变化多端。钢筋翻样之前，有必要总结一下这些变化，以便使用软件时形成清晰的操作思路。

1. 截面尺寸的变化

全部跨中，某(些)跨的截面尺寸中梁宽或梁高变化，图 IX -2。

此梁中间跨梁宽变化

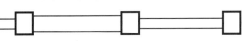

图 IX -2　梁截面尺寸不同

2. 梁顶面标高的变化

全部跨中，某(些)跨的梁顶面标高或高于、或低于楼面标高，图 IX -3。

此梁中间跨顶面标高高于楼面标高

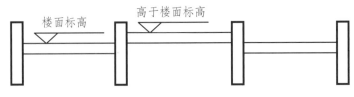

图 IX -3　梁顶面标高不同

3.梁宽中心线的变化

全部跨中，某（些）跨的梁宽中心线，与其他跨不在同一条直线上，或偏上，或偏下（以梁图像横向显示），图Ⅸ-4。

图Ⅸ-4　梁宽中心线不在同一条直线上

4.梁支座的变化

（1）支座上伸：某（些）支座已至层顶（一般是端支座），不再上伸；某（些）支座继续上伸（一般是中间支座），图Ⅸ-5。

已至层顶的支座，端部支座中梁纵筋锚固构造，按屋面框架梁；继续上伸的支座，端部支座中梁纵筋锚固构造，按楼层框架梁。

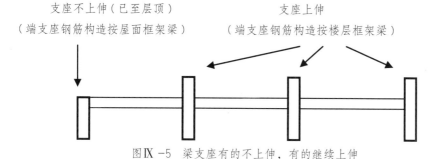

图Ⅸ-5　梁支座有的不上伸，有的继续上伸

（2）支座变截面：支座变截面处，又恰巧某跨梁顶面标高高于楼面标高，图Ⅸ-6，高出楼面标高跨的梁纵筋，支座中钢筋构造需按上部支座截面尺寸计算（这种情况涉及上、下两个支座的截面尺寸）。

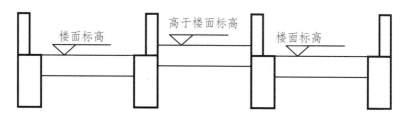

图Ⅸ-6　支座变截面及梁顶面标高高于楼面标高

5.梁截面尺寸及保护层的变化

施工时，为避免梁纵筋在支座处与支座纵筋（如柱纵筋、主梁纵筋）冲突，或增加梁高、梁宽（需经设计方同意），或加大保护层（需经设计方同意），或设计中注明主次梁钢筋何者在上、何者在下，由此，梁的截面尺寸、保护层出现变化。

三、梁配筋形式的多样化

1．上部通长筋

（1）与支座上部纵筋一种直径，跨中连接。

（2）与支座上部纵筋两种直径，在支座纵筋端部按连接长度连接。

2．支座上部纵筋

（1）一排，或一种直径，或两种直径。

（2）两排，或一种直径，或两种直径。

（3）三排，或一种直径，或两种直径。

第一排非通长筋及与跨中直径不同的通长筋从支座边伸出长度为 1/3 净跨；第二排为 1/4 净跨；第三排为 1/4 净跨（或设计注明），且为左右净跨最大值。

非框架梁端支座设计按铰接时从支座边缘伸出长度为 1/5 净跨；充分利用钢筋的抗拉强度时为 1/3 净跨。

井字梁端部支座和中间支座上部纵筋伸出的长度在原位标注中予以注明。

3．下部纵筋

（1）一排，或一种直径，或两种直径；或有纵筋不伸入支座。

（2）上下两排，或一种直径，或两种直径；或有纵筋不伸入支座。

4．侧面纵筋

（1）侧面构造纵筋，搭接与锚固长度可取为 $15d$。

（2）侧面受扭纵筋，搭接长度为 L_L 或 L_{LE}，锚固长度为 L_a 或 L_{aE}。

5．箍筋

1）抗震梁的箍筋间距及肢数

（1）一种间距（全跨加密）、一种肢数。

（2）两种间距（支座端部加密，加密区长度按标准构造取值）。加密区、非加密区，或一种肢数，或两种肢数。

2）非抗震梁的箍筋间距及肢数

（1）一种间距、一种肢数。

（2）两种间距，为梁支座端部间距、跨中间距，梁支座端部箍筋数量以"箍数"表示；端部、跨中箍筋，或一种肢数，或两种肢数。

四、软件中梁参数的注写格式

软件中梁参数的注写格式，就是平法图集中"原位标注"和"集中标注"的参数注写格式。即：同排纵筋两种直径用加号"+"相联；不同排纵筋用斜线"/"将各排纵筋自上而下分开；下部纵筋中不伸入支座的数量用"（-n）"表示；箍筋加密区与非加密区不同间距及肢数用斜线"/"分隔；非抗震梁两种箍筋间距时，梁支座端部箍筋注写在先并注明箍数等等。我们只需把图纸上梁的"集中标注"参数和"原位标注"参数，原格式输入到软件的"集中标注"和"原位标注"参数页面即可。

下面几项与梁"几何信息"、"加腋斜纵筋"有关的参数，在使用软件对梁进行钢筋翻样前，先了解清楚。

1．"跨度"参数

软件中，梁的跨度是轴线跨度，不是梁净跨。

2．"支座宽度"参数

由于"跨度"是轴线跨度，支座宽度则自然是"轴左 + 轴右"格式。

当梁位于支座变截面位置，且恰巧该跨梁顶面标高高于楼面标高时（参见图Ⅸ-6），则需要上部变截面支座的"轴左 + 轴右"数值。因此，软件为每一个支座设置了"支座下宽（轴左 + 轴右）"和"支座上宽（轴左 + 轴右）"两项参数。

通常情况下，软件将"支座下宽（轴左 + 轴右）"参数设为可输入状态，"支座上宽（轴左 + 轴右）"参数设为不可输入参数状态。只有当"梁顶面标高高于楼面标高时且恰巧位于支座变截面位置"时，"支座上宽（轴左 + 轴右）"自动改变为可输入状态。

梁的每一跨都有"左"和"右"两个支座（悬挑梁只有"左支座"或"右支座"），因此，软件中梁的每一跨"支座宽度"参数设有四项，为"左支座下宽（轴左 + 轴右）、右支座下宽（轴左 + 轴右）、左支座上宽（轴左 + 轴右）、右支座上宽（轴左 + 轴右）"。由于"前一跨的右支座"即为"后一跨的左支座"，因此只有最左端的跨需设置"左支座"、"右支座"两个支座的宽度参数，后面各跨只需设置"右支座"一个支座的宽度参数。

3．"梁宽中心线偏心值"参数

梁的中心线偏心，是"某（些）跨"的中心线偏心，可理解为该跨的"跨度"偏心。因此，软件中的梁中心线偏心尺寸与梁"跨度"关联在一起，参数格式为"跨度（偏心值）"。

偏于其他跨中心线上方（例如150），"跨度（例如6000）"参数输入为6000（150）；

偏于其他跨中心线下方（例如150），"跨度（例如6000）"参数输入为6000（–150）。

注：软件中的梁图像以横向显示，中心线偏心则显示为"偏上"或"偏下"。

4．梁加腋斜纵筋

软件中，梁竖向加腋部位的斜纵筋，是不需要输入其钢筋参数的。在软件中输入加腋部位的几何尺寸参数后，软件自动按11G101-1标准构造计算，加腋纵筋的规格同梁下部纵筋，数量为伸入支座的梁下部纵筋根数 n 的 $n-1$ 根。

五、软件中梁的钢筋翻样思路

（1）梁由各跨组成，因此，软件中一次性计算一整根梁，即一次完成一根梁从一端支座到另一端支座的全部跨的钢筋翻样。

当端部设有悬挑时，悬挑梁一并计算。

梁全跨或某跨设有竖向加腋或水平加腋时，一并计算。

（2）梁某跨内主梁和次梁相交处的附加箍筋及吊筋，一并计算。

（3）梁位于各楼层中，计算标准层中的框架梁时，先计算一个楼层中的梁，计算完成后采用"复制"、"粘贴"功能，将其复制到标准层的其他楼层中。

六、软件中梁的翻样过程

可分为以下几步：

第一步：添加梁；

第二步：输入梁跨度、轴号、支座等几何信息；

第三步：输入梁集中标注、原位标注参数；

第四步：设置与钢筋构造细节及钢筋优化有关的各种参数；

第五步：点击"钢筋计算"按钮，完成钢筋翻样。

七、【实例一】楼层框架梁钢筋翻样

图IX –7示例"KL7(3A)"来自某框架结构办公楼施工图，位于"2～4标准层"，为看图方便，参数标注进行了整理。所需相关参数，翻样到那一步时给出。

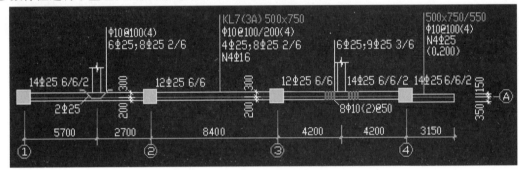

图IX –7 示例"KL7(3A)"

此梁3跨，右端悬挑，悬挑端顶面标高高出楼面标高0.20且中心线偏心；各跨配筋变化较多，①轴、④轴支座上部纵筋为3排，第1跨设有吊筋，第3跨设有附加箍筋。

下面，我们对这根梁进行钢筋翻样。

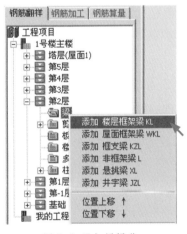

图9-1 添加梁操作

1．第一步：添加框架梁

KL7(3A)位于"2～4标准层"，在"工程管理区"的"第2层"添加，翻样完成后，复制到第3层、第4层。

图9-1，双击展开"第2层"，右键点击"梁"构件夹，弹出右键菜单,点击最上一行"添加 楼层框架梁KL"，弹出"添加梁编号"窗口，图9-2。

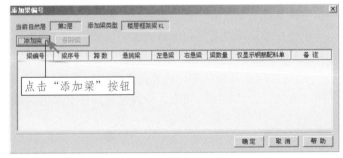

图9-2 "添加梁编号"窗口

图 9-3 "添加梁"对话框

点击"添加梁"按钮，弹出"添加梁"对话框，图 9-3。其中只有一项参数"根数"，软件默认为"1"根。本示例我们不考虑"完全相同梁"，点击"确定"按钮，返回到"添加梁编号"窗口，窗口增加了一行梁数据，图 9-4。

添加梁	删除梁							
梁编号	梁序号	跨数	悬挑梁	左悬梁	右悬梁	梁数量	仅显示钢筋配料单	备注
KL7(3A)	KL7	3	A(一端悬挑)	无	有	1	否	A轴

图 9-4 在"添加梁编号"窗口信息行中输入数据

在"梁序号"单元格中输入"KL7"；"跨数"中点选"3"；"悬挑梁"中点选"A(一端悬挑)"；"左悬梁"中点选"无"；"右悬梁"中点选"有"；双击"备注"单元格，在弹出的对话框中输入"A轴"。点击本窗口"确定"按钮，则"工程管理区"的"第2层"中加入"KL7（3A）"，图 9-5。

点击"KL7(3A)"，屏幕右侧图像区显示出它的"梁数据"页面，包括它的图像及参数输入表格，图 9-6。

KL7(3A) 添加操作完成。

图 9-5 "第2层"中加入"KL7(3A)"

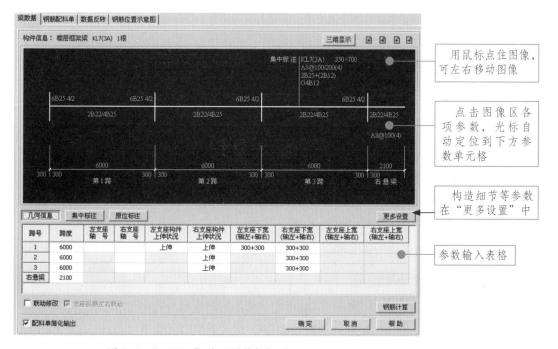

图 9-6 "KL7(3A)"的"梁数据"页面

2．第二步：输入梁跨度、轴号、支座等几何信息

在"几何信息"页面输入 KL7(3A) 跨度、轴号、支座等几何信息，图 9-7。

几何信息	集中标注	原位标注						更多设置	
跨号	跨度	左支座轴号	右支座轴号	左支座构件上伸状况	右支座构件上伸状况	左支座下宽(轴左+轴右)	右支座下宽(轴左+轴右)	左支座上宽(轴左+轴右)	右支座上宽(轴左+轴右)
1	8400	1	2	上伸	上伸	450+450	450+450		
2	8400		3		上伸		450+450		
3	8400		4		上伸		450+450		
右悬梁	3150(-150)								

图 9-7 输入完成的 KL7(3A) 的几何信息

跨度：右悬梁中心线向下偏心 150，在其"跨度"格中输入"3150(-150)"。

支座轴号：跨号 1 有左、右支座，轴号输入"1"、"2"，后面各跨只需输入右支座轴号"3"、"4"，软件自动将必要的支座轴号单元格显示为可输入状态。

支座上伸：本示例全部为"上伸"。

支座宽度：施工图中柱宽均为 900，轴线定位均为 450+450，因此"左支座下宽"、"右支座下宽"均输入"450+450"。

3．第三步：输入梁集中标注、原位标注参数

1）输入各跨通用的"集中标注"参数

点击"集中标注"按钮，显示其输入页面，图 9-8，在其中输入 KL7(3A) 的集中标注参数，参数格式与平法图集中一致。

在"通长筋＋(架立筋)"格中，同样可输入示例中"通长筋;下部纵筋"格式的参数，图 9-8。

注意：

（1）输入分号";"时，必须输入半角分号，如输入全角分号，软件会提示"格式有误"。

（2）输入下部纵筋的上下排数量"2/6"时，前面必须加空格（即完全按图纸中标注的格式输入）。

几何信息	集中标注	原位标注
梁截面	500×750	
梁加腋		
箍 筋	A10@100/200(4)	
通长筋+(架立筋)	4B25;8B25 2/6	
侧面纵筋	N4B16	
梁顶与楼面标高高差(m)		

图 9-8 KL7(3A) 的集中标注参数

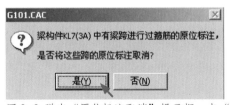

图 9-9 弹出"原位标注取消"提示框，点"是"

输入钢筋参数时，会弹出图 9-9"原位标注取消"的提示框，点击"是"。这是因为，软件在添加 KL7(3A) 时，就默认设置了"原位标注"参数，其中的"箍筋"参数与我们在"集中标注"中新输入的不同，因此弹出提示框询问。

2）输入各跨内的"原位标注"参数

点击"原位标注"按钮，显示其参数页面，图 9-10，可看到纵筋参数改为"集中标注"中新输入的参数。因我们刚才在"原位标注取消"提示框中选择了"是"，"右悬梁"的"集中标注原位修改"单元格中显示为"已修改"。

几何信息	集中标注	原位标注			更多设置
跨号	左支座上部纵筋	右支座上部纵筋	下部纵筋	附加筋	集中标注原位修改
1	4B25	4B25	8B25 2/6	无	未修改
2	4B25	4B25	8B25 2/6	无	未修改
3	4B25	4B25	8B25 2/6	无	未修改
右悬梁	4B25		8B25 2/6	无	已修改

首先在"集中标注原位修改"中输入"原位标注"参数

图 9-10 原位标注的输入页面（输入了集中标注之后）

"原位标注"的参数有两部分，一部分为"各跨与集中标注参数不同"的参数，一部分为"支座纵筋的原位标注"参数。修改后的单元格底色变为浅蓝色。

首先在各跨"集中标注原位修改"中输入与"集中标注不同的原位标注参数"，输入后"原位标注"表格中对应的钢筋参数随之修改。

点击跨号 1"集中标注原位修改"单元格，图 9-11A，弹出窗口，图 9-11B，在其中输入跨号 1 的"箍筋"、"通长筋 +（架立筋）"参数，点击"确定"按钮。修改后的参数在图像中显示出来，"集中标注原位修改"格中显示出"已修改"，图 9-11C。

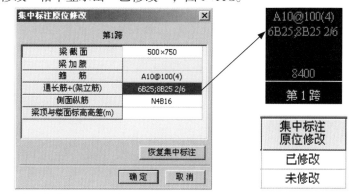

图 9-11A 点击跨号 1"集中标注原位修改"单元格

图 9-11B 在"集中标注原位修改"窗口修改　图 9-11C 修改后的数据显示

图 9-12 跨号 3"集中标注原位修改"参数

跨号 2 不需修改，为原集中标注参数。

跨号 3"集中标注原位修改"参数，如图 9-12 所示。

图 9-13 右悬梁 "集中标注原位修改" 参数

在 "右悬梁" 的 "集中标注原位修改" 窗口，图 9-13，输入 "梁截面"、"箍筋"、"侧面纵筋"、"梁顶与楼面标高高差" 参数，修改后点击 "确定" 按钮。

修改后的参数在图像中部也显示出来。因其 "梁顶与楼面标高高差" 为 0.2，因此其 "几何信息" 页面的 "右支座上宽（轴左＋轴右）" 参数变为 "可输入状态"，本示例中不必修改此项参数。

"集中标注原位修改" 参数输入完成后，将示例图 IX -7 中 "原位标注" 的 "支座纵筋" 参数输入，图 9-14。

几何信息	集中标注	原位标注			更多设置
跨号	左支座上部纵筋	右支座上部纵筋	下部纵筋	附加筋	集中标注原位修改
1	14B25 6/6/2	12B25 6/6	8B25 2/6	无	已修改
2	12B25 6/6	12B25 6/6	8B25 2/6	无	未修改
3	12B25 6/6	14B25 6/6/2	9B25 3/6	无	已修改
右悬梁	14B25 6/6/2	·	8B25 2/6	无	已修改

注意这个选项

□ 联动修改　☑ 支座纵筋左右联动　　　　钢筋计算

图 9-14 输入 "原位标注" 的支座纵筋参数（上表中已输入）

注意表格下方的 "支座纵筋左右联动" 选项，勾选时，即指支座两侧的上部纵筋配置相同，输入支座一侧纵筋参数后，本支座另一侧纵筋参数随之改变。

跨号	左支座上部纵筋
1	14B25 6/6/2
2	12B25 6/6
3	12B25 6/6
右悬梁	14B25 6/6/2

□ 联动修改　□ 支座纵筋左右联动

图 9-15 取消 "支座纵筋左右联动" 后 "左支座上部纵筋" 变为可输入状态

当支座两侧纵筋不同时，需 "取消" 此项的选中状态（点击此项文字，"√" 取消），则 "左支座上部纵筋" 变为可输入状态，图 9-15。

3）输入"原位标注"的"附加箍筋"和"吊筋"参数

跨号	附加筋	集中标注 原位修改
1	无	已修改
2	无	未修改
3	无	已修改
右悬梁	无	已修改

"附加箍筋"和"吊筋"位于某跨中，"原位标注"表格中的每一跨均设置了"附加筋"项，软件显示为"无"，表示其中尚未输入"附加筋"，图9-16。

图9-16　每一跨均含有"附加筋"

（1）输入第1跨的吊筋参数

本示例"第1跨"设"吊筋"。点击跨号1的"附加筋"单元格，图9-17A，弹出"配筋信息：附加箍筋和吊筋"窗口，点击"添加"按钮，新增一数据行，在其中输入"吊筋"参数，图9-17B。

跨号	附加筋
1	无
2	无
3	无
右悬梁	无

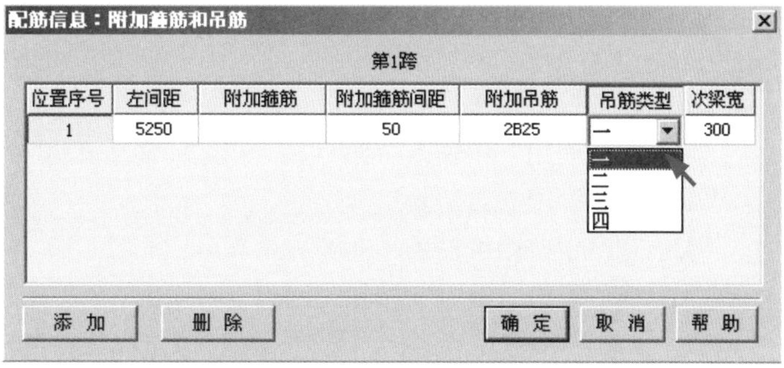

配筋信息：附加箍筋和吊筋

第1跨

位置序号	左间距	附加箍筋	附加箍筋间距	附加吊筋	吊筋类型	次梁宽
1	5250		50	2B25	一	300

二
三
四

添　加　　删　除　　　　　确　定　　取　消　　帮　助

图9-17A 点击"附加筋"单元格　　　　　　　图9-17B 输入第1跨吊筋的各项参数

"左间距"中输入"5250"，为"5700-450（左支座的轴右下宽度）"，此"左间距"为"所在跨左支座边缘"至"吊筋中心（即次梁中心线）"的距离。

清空"附加箍筋"中默认参数。因清空了"附加箍筋"，"附加箍筋间距"不必修改。

"附加吊筋"中按示例输入"2B25"。

"吊筋类型"中点选"一"。

说明：吊筋类型有4种，为06G901-1图集中第2-35页构造，分别为：一、次梁与主梁顶面标高相同；二、次梁与主梁底面标高相同；三、预埋螺栓处设吊筋；四、预埋钢管处设吊筋。示例中梁高750，小于800，吊筋角度软件自动取45°；如果大于800，软件自动取60°。

"次梁宽"中输入图纸中的"300"。

跨号	附加筋	集中标注 原位修改
1	有	已修改
2	无	未修改
3	无	已修改
右悬梁	无	已修改

输入完成，点"确定"按钮，回到上一页面，跨号1的"附加筋"显示"有"，图9-18。

图9-18　跨号1"附加筋"格显示"有"

（2）输入第 3 跨的附加箍筋参数

点击跨号 3 的"附加筋"单元格，图 9-19A，在弹出的"配筋信息：附加箍筋和吊筋"窗口，输入"附加箍筋"参数，图 9-19B。

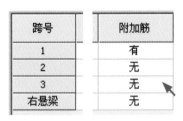

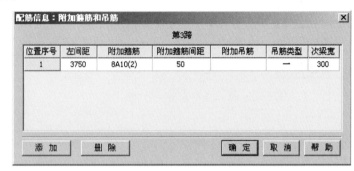

| 图 9-19A 点击跨号 3 "附加筋"单元格 | 图 9-19B 输入第 3 跨附加箍筋的各项参数 |

"左间距"中输入"3750"，为"4200-450（左支座的轴右下宽度）"，此"左间距"为"所在跨左支座边缘"至"附加箍筋中心（即次梁中心线）"的距离。

"附加箍筋"中输入"8A10(2)"。

"附加箍筋间距"中输入"50"。

"附加吊筋"中参数清除。

"次梁宽"中按图纸输入"300"。

输入完成，点击"确定"按钮，回到上一页面。

至此，KL7(3A) 的几何信息、集中标注、原位标注参数输入完成。

4. 第四步：设置构造细节及配筋优化等各种参数

点击"梁数据"页面"更多设置"按钮，图 9-20，弹出"更多设置"窗口，图 9-21。其中设有与梁钢筋构造细节有关的各种参数。

图 9-20 点击"更多设置"按钮

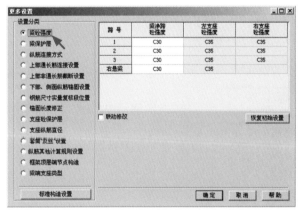

1）梁砼强度

梁在支座内的锚固长度需根据"支座砼强度"计算出，梁净跨内的绑扎连接长度需根据"梁砼强度"计算出。在"梁砼强度"页面设定每一跨梁的"梁净跨砼强度"及"左、右支座砼强度"。

本示例中设定的数值如图 9-21 所示。

图 9-21 "更多设置"窗口（第一项"梁砼强度"的参数页面）

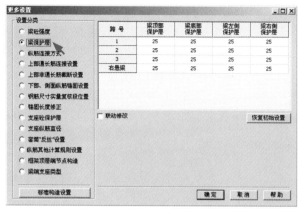

图 9-22　"梁保护层"页面

2）梁保护层

图 9-22，设定梁顶部、底部、左侧、右侧纵筋保护层时，需考虑下列事项：

（1）梁纵筋与支座纵筋位置冲突时，梁纵筋是否采用弯曲方式进入支座。当梁纵筋直径较小采用此种方案时，取梁最小保护层即可。

（2）设计说明中是否注明主次梁纵筋何者在上、何者在下；在下的梁纵筋保护层需增加另一向梁纵筋的直径。

（3）梁的全跨或某跨是否采取了截面加宽或加高的措施。加宽或加高的尺寸为"柱保护层－梁保护层＋柱纵筋直径"。如采用了这样的措施，在输入梁截面尺寸时就需输入梁截面改变后的尺寸，设定梁保护层时，需输入"加高或加宽"之后的尺寸。

本示例为主梁，根据图纸，梁各跨及右悬挑梁均按梁最小保护层厚度设置。

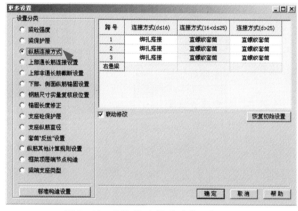

图 9-23　"纵筋连接方式"页面

3）纵筋连接方式

本示例的纵筋连接方式设定为图 9-23 所示。

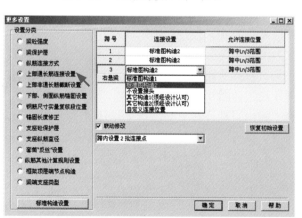

图 9-24　"上部通长筋连接设置"页面

4）上部通长筋连接设置

图 9-24，上部通长筋的"连接设置"设有 6 个选项，每个选项的说明见"允许连接位置"格中的内容。

其中，"标准图构造 1"为"跨左、右 $L_n/3$ 范围"；"标准图构造 2"为"跨中 $L_n/3$ 范围"。

本示例各跨全部设定为"标准图构造 2"。

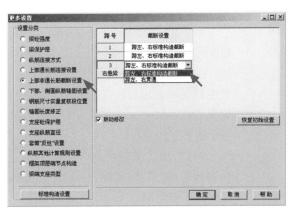

图 9-25 "上部非通长筋截断设置"页面

5）上部非通长筋截断设置

图9-25，上部非通长筋的"截断设置"下拉框中设有两个选项，分别为"跨左、右标准构造截断"和"跨左、右贯通"。

当某中间跨跨度较小为短跨时，即其净跨尺寸小于左、右净跨尺寸之和的1/3时，左、右跨上部纵筋贯通短跨，这时需设定"跨左、右贯通"。

本示例各跨全部设定为"跨左、右标准构造截断"。

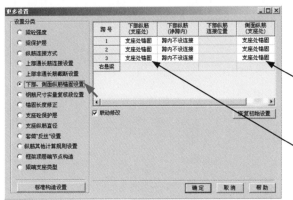

图 9-26 "下部、侧面纵筋锚固设置"选项

6）下部、侧面纵筋锚固设置

图9-26，设定各跨"下部纵筋"、"侧面纵筋"在"支座处"、"净跨内"的连接方式。

图 9-27 "下部、侧面纵筋锚固设置"页面

其中，各跨的"下部纵筋（支座处）"、"侧面纵筋（支座处）"设有"支座处锚固"和"支座处贯通"两种构造方式，图9-27。本示例均设为"支座处锚固"。

各跨的"下部纵筋（净跨内）"设有"跨内不设连接"、"跨内自定义连接"、"跨内自动连接"。当定尺钢筋足够长时，跨内不设连接。当定尺钢筋不够长时，下部纵筋需在跨内连接。

选择"跨内自定义连接"，则该跨的"下部纵筋连接位置"变为可输入状态，在其中输入自己设定的连接位置，格式为"第一批接头距左支座内侧距离／第二批接头距左支座内侧距离"，图9-28。

选择"跨内自动连接"，是指某跨纵筋采用一级机械连接接头时，接头可在任意位置，设定为此项即可。

图 9-28 "跨内连接"时两种情况

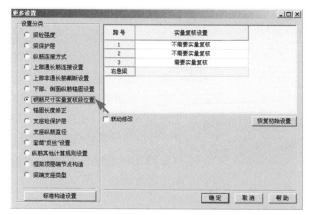

图 9-29 钢筋尺寸实量复核段位置

7）钢筋尺寸实量复核段位置

通常情况下，末端跨中的纵筋"需要实量复核"，图 9-29。

本示例按软件默认。

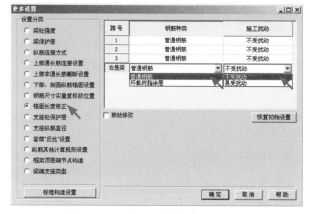

图 9-30　"锚固长度修正"页面

8）锚固长度修正

图 9-30，设定各跨纵筋类型为"普通钢筋"或"环氧树脂涂层钢筋"。

设定施工中为"不受扰动"和"易受扰动"状态。

本示例按默认。

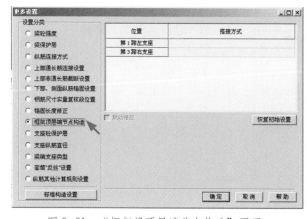

图 9-31　"框架梁顶层端节点构造"页面

9）框架梁顶层端节点构造

本示例为楼层框架梁，且每一支座均"上伸"，因此软件中"搭接方式"为不可输入状态，图 9-31。

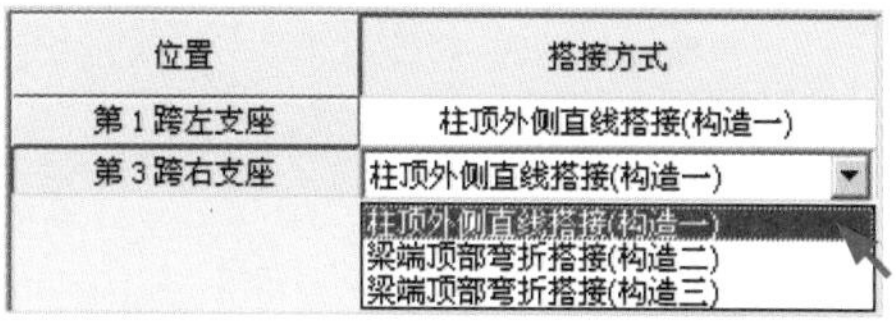

位置	搭接方式
第1跨左支座	柱顶外侧直线搭接(构造一)
第3跨右支座	柱顶外侧直线搭接(构造一) ▼
	柱顶外侧直线搭接(构造一)
	梁端顶部弯折搭接(构造二)
	梁端顶部弯折搭接(构造三)

图 9-32 屋面梁端支座的梁纵筋三种构造方式

当梁为"屋面框架梁"时或者"两端某跨"的"支座构件不上伸"时，端支座的"搭接方式"将显示出 G101 图集中"三种构造方式"，在此设定，图 9-32。

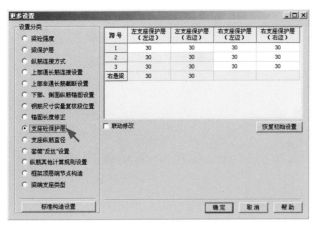

图 9-33 "支座砼保护层"页面

10）支座砼保护层

按构造要求，弯锚于支座内的梁纵筋，其最外一排梁纵筋弯折段的位置为：距支座纵筋的最小净间距为 25mm 且大于支座纵筋直径，因此，净间距＋支座纵筋直径＋支座砼保护层即可确定最外一排梁纵筋弯折段位置。

本页面即用于设定"支座砼保护层"。本示例按默认，图 9-33。

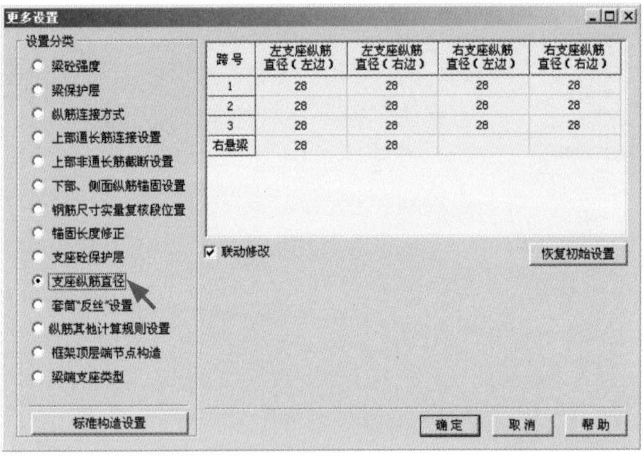

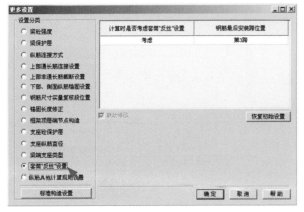

图 9-34 "支座纵筋直径"页面

11）支座纵筋直径

此页面设定"支座纵筋直径"。本示例按柱纵筋直径修改为"28"，图 9-34。

12）套筒"反丝"设置

使用正反丝时的机械连接接头设置。本示例为"考虑"，"钢筋最后安装跨位置"设定为"第3跨"，图 9-35。

图 9-35 "套筒反丝设置"页面

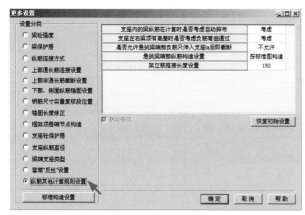

图9-36　"纵筋其他计算规则设置"页面

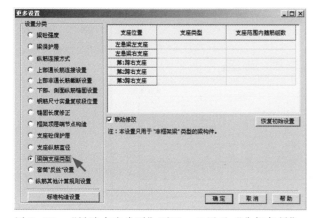

图9-37　"梁端支座类型"页面，只用于"非框架梁"

13）纵筋其他计算规则设置

有5项，本示例按默认，图9-36。

（1）支座内的梁纵筋在计算时是否考虑自动排布；

（2）支座左右梁顶有高差时是否考虑负筋弯曲通过；

（3）是否允许悬挑梁端部负筋只伸入支座L_a后即截断；

（4）悬挑梁端部纵筋构造设置；

（5）架立筋搭接长度设置。

14）梁端支座类型

本页面只用于"非框架梁"类型的梁构件，图9-37。本示例不涉及。

当为"非框架梁"时，在设定各跨"支座类型"时，同时设定其"支座范围内箍筋组数"。

15）标准构造设置

图9-38　点击"标准构造设置"按钮

点击"标准构造设置"按钮（图9-38），弹出"标准构造设置"窗口（图9-39），其中为平法图集标准构造图，绿色字的数据可修改。本示例不改。

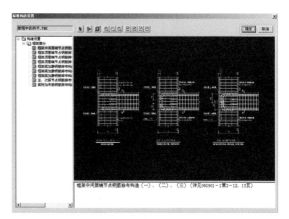

图9-39　"标准构造设置"窗口

注意：设置完成本项后，点"确定"按钮，以使各页面设定的内容确定下来。

至此，本示例KL7(3A)全部参数输入完成。

5．第五步：点击"钢筋计算"按钮，完成钢筋翻样

在"梁数据"页面，点击"确定"按钮，然后点击"钢筋计算"按钮，图 9-40，KL7(3A)
钢筋翻样完成。

图 9-40　点击"钢筋计算"按钮完成钢筋翻样

检查无误后，将 KL7(3A)"复制"、"粘贴"到"示例工程"的第 3 层、第 4 层中。

点击"钢筋配料单"选项卡，查看翻样结果。图 9-41。

图 9-41　钢筋配料单

点击"数据反转"查看钢筋数据，图9-42。

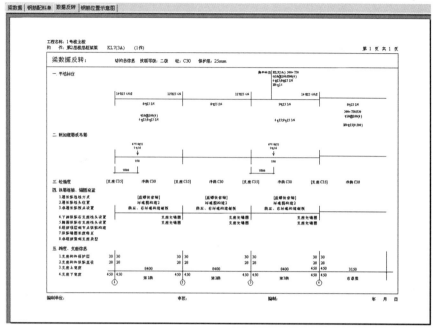

图9-42 数据反转

点击"钢筋位置示意图"查看钢筋位置，图9-43。

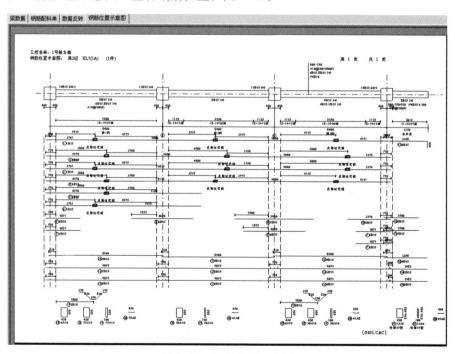

图9-43 钢筋位置示意图

点击"梁数据"页面右上方的"三维显示"按钮，查看三维图（图9-44A、图9-44B）。

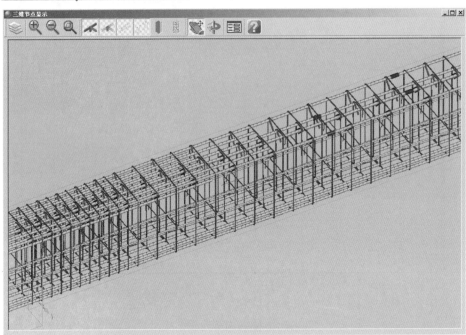

图 9-44A　三维节点显示

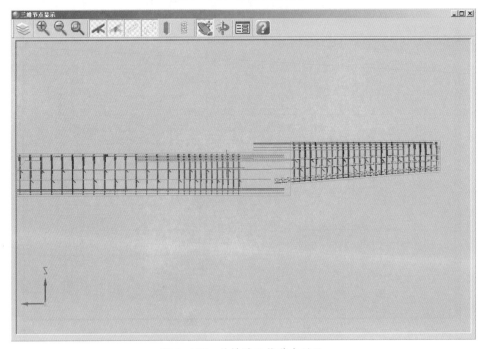

图 9-44B　悬挑端三维节点显示

八、【实例二】剪力墙结构中框架梁钢筋翻样

如图 9-45 所示剪力墙结构中常见形式的框架梁。

此种框架梁,其端支座为剪力墙,当剪力墙墙身较长时,其锚固长度值已经符合框架梁"端支座直锚"条件,即端支座中直锚长度 $\geq L_{aE}$ 时,锚固长度取 L_{aE}。

使用软件翻样时,支座取值可灵活处理,满足直锚条件即可。

图 9-45 中注明的支座取值方式,即为一种取值方式。

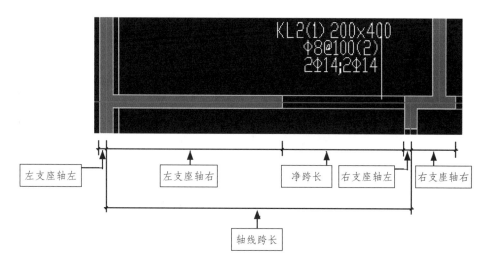

图 9-45 支座取值方式一

图 9-46 中注明的支座取值方式,即为另一种取值方式。

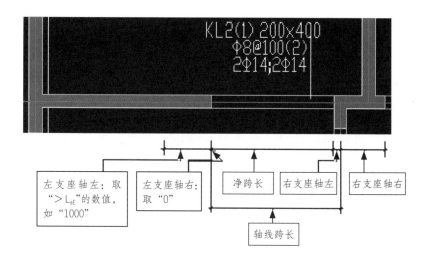

图 9-46 支座取值方式二

具体操作过程不再说明。

第十章 板钢筋翻样

（完成本章学习，约 5 小时）

　　有梁楼盖板是结构中的平面支承构件。每一工程的平面结构设计不同，楼板的平面形状及其中各板块形状也不同。作为结构构件，每层的楼板则为一个完整单一构件，其配筋为一受力整体。为了使板中的配筋直观地表达在板的平面布置图中，CAC 软件对板这一单构件采用了绘图法，即在软件中绘制出板的平面布置图，然后在图中进行钢筋翻样。

　　这种绘图方法与柱、梁、墙等构件钢筋翻样的不同之处在于，其他构件的形状有一定之规，软件可为它们预先设定默认图像，图像随新输入的参数进行改变。而板的形状无一定之规，软件不能预先设定默认图像，其平面图形需绘图获得。

一、软件中板图形的绘制要点

1. 板图形的绘制过程

　　CAC 软件中的楼板（有梁楼盖板），结构形式上遵循"板以梁为支座"的原则，而梁由轴线定位。因此，板的绘制过程为：

　　（1）绘制轴线；

　　（2）在轴线上布梁；

　　（3）由梁围合成板。

2. 支座梁的绘制要点

　　对于普通楼面，板两向均以一跨为一板块。具体到某一板块，围合它的支座梁只是板跨长度上的那一段梁。因此，软件中的支座梁，需按每一板块的跨度划分成段落。

　　梁定位在轴线上，软件绘制轴线时，轴线交点处自动断开，形成符合板块跨度的轴线段落，则使梁可按断开的轴线段落长度布置成符合板块跨度的梁段落。

3. 轴线的绘制要点

　　软件中所需绘制的轴线，是为了布置支座，因此，仅需绘制"布有支座"的那段轴线，施工图中绘制在"支座外"的那段轴线不绘制。

二、软件中板的钢筋形式

　　平法施工图中标注的钢筋为：板下部贯通纵筋、板上部贯通纵筋、板支座上部非贯通纵筋、悬挑板上部受力钢筋、板相关构造钢筋等。

　　软件中设置的板钢筋形式，则是上述钢筋按板跨、支座位置排布后的形式，为单跨正筋、多跨正筋、单跨负筋、多跨负筋、单支座正筋、多支座正筋、跨中正筋、跨中负筋八种形式。

三、板的钢筋翻样过程

第一步：添加板，进入板绘图页面。

第二步：绘制板图形。

（1）建立轴网，并标注轴号；

（2）布置支座，在轴线上添加梁（墙视为梁）；

（3）生成板块，并绘制悬挑板、板洞口、后浇带等。

第三步：板钢筋翻样。

（1）板块钢筋翻样；

（2）支座钢筋翻样。

第四步：划分施工段，输出钢筋，生成钢筋配料单。

第五步：在钢筋配料单中编辑钢筋。

（1）加入钢筋起点位置等信息；

（2）按连接构造要求编辑超过定尺长度的钢筋。

四、绘制板的操作细节

板图形由轴线、支座、板块三大主要项目组成，软件设计了专门功能来完成这三项的绘制，并不需要手动一根线一根线地绘制，绘图过程并不复杂。

绘图过程中，一些操作细节影响着绘制的效率及准确程度，主要有：

（1）放大缩小图形的操作；

（2）绘图命令的操作顺序；

（3）执行命令时光标形式的变化；

（4）命令的操作提示；

（5）取消及恢复命令的操作；

（6）正交轴网与单根轴线含义；

（7）轴线在交点处的自动断开；

（8）框选操作的光标移动方向；

（9）图形中轴线、支座、板绘制有误时的图形显示；

（10）洞口处、后浇带处钢筋的截断；

（11）钢筋信息的显示设置；

（12）捕捉交点的设置等。

这些细节，在本教程中将结合板的钢筋翻样实例进行说明。

五、软件中板钢筋的"手工翻样"方式

相比较于柱、梁、墙等构件，板钢筋的排布构造相对简单，因此，实际板钢筋翻样中，有些钢筋工程师更愿意直接使用手工翻样，这种手工翻样方式，在软件中可更便捷地实现。

软件中板构件的"钢筋配料单"，是一个功能强大的"钢筋编辑"器，在其中可按手工翻样方式直接输入各种形状的钢筋参数。翻样时需要计算的"钢筋弯曲调整值"、"钢筋连接长度"等诸多数据，均可由软件完成计算，从而使手工翻样以更高效方式完成。

这种板钢筋的手工翻样方式，参看本章"编辑配料单中的钢筋"的内容。

六、【实例】框架结构楼板的钢筋翻样

我们以 11G101-1 第 41 页的"有梁楼盖平法施工图示例"为例，讲解板的绘图及钢筋翻样过程，板块及支座配筋见图 X -1 及下方表格。

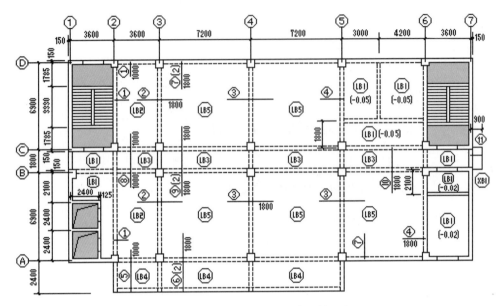

图 X -1 以正交轴网为主的有梁楼面板

所在楼层：2、3、4 标准层 砼强度 C25

<table>
<tr><td colspan="3" align="center">各 板 块 配 筋 表</td></tr>
<tr>
<td>LB1 h=120
B: X&Y Φ8@150
T: X&Y Φ8@150</td>
<td>LB2 h=150
B: X Φ10@150
Y Φ8@150</td>
<td>LB3 h=100
B: X&Y Φ8@150
T: X Φ8@150</td>
</tr>
<tr>
<td>LB4 h=80
B: X&Y Φ8@150
T: X Φ8@150</td>
<td>LB5 h=150
B: X Φ10@135
Y Φ10@110</td>
<td>XB1 h=80
B: Xc&Yc Φ8@150</td>
</tr>
</table>

<table>
<tr><td colspan="3" align="center">板支座上部非贯通筋及悬挑板上部受力钢筋表</td></tr>
<tr>
<td>① 号筋 Φ8@150</td>
<td>② 号筋 Φ10@100</td>
<td>③ 号筋 Φ12@120</td>
</tr>
<tr>
<td>④ 号筋 Φ10@100</td>
<td>⑤ 号筋 Φ8@150</td>
<td>⑥ 号筋 Φ10@100</td>
</tr>
<tr>
<td>⑦ 号筋 Φ10@150</td>
<td>⑧ 号筋 Φ8@100</td>
<td>⑨ 号筋 Φ10@100</td>
</tr>
<tr>
<td>⑩ 号筋 Φ8@100</td>
<td>⑪ 号筋 Φ10@100</td>
<td>未注明的分布筋 Φ8@250</td>
</tr>
</table>

1．第一步：添加板，进入板绘图页面

图 10-1A　添加板操作

根据示例说明，此板位于"2～4 标准层"，因此，在"工程管理区"的"第 2 层"添加，钢筋翻样完成后，再复制到第 3 层、第 4 层。

双击展开"第 2 层"，图 10-1A，右键点击"板"构件夹，弹出右键菜单，点击最上一行"添加 现浇板"，弹出"添加板编号"窗口，图 10-1B。点击其中"添加板"按钮，弹出"添加板"对话框，图 10-1C。

图 10-1B　"添加板编号"窗口

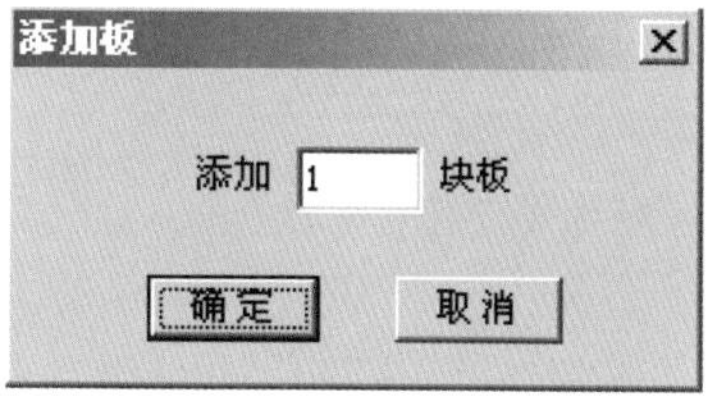

图 10-1C　"添加板"对话框

在"添加板"对话框中输入块数"1"，点击"确定"按钮，回到"添加板编号"窗口，其中加入一行板数据，图 10-1D。

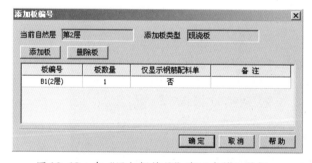

图 10-1D　在"添加板编号"窗口中输入数据

在"板编号"中输入"B1(2 层)"，其他格内容保持不变，点击"确定"按钮，工程管理区"第 2 层"中加入"B1(2 层)"板，图 10-1E。

图 10-1E "第 2 层"中加入"B1(2 层)"

点击"B1(2 层)"，软件右侧页面图像区显示出"板信息"页面，图 10-1F。

"板信息"页面含"板砼强度"和"板保护层"参数。

在"板砼强度"下拉框中点选"C25"，"板保护层"厚度不变。

点本页面"确定"按钮，将参数确定。添加板的操作完成。

图 10-1F 屏幕右侧显示出 "B1(2 层)" 的 "板信息" 页面

2. 第二步：绘制板图形

软件中，"楼板布筋"有两种绘图方式，见图 10-2A，一是自主图形平台的"楼板布筋"(即 CAC 自主研发)；一是 AUTOCAD 图形平台的"楼板布筋"。

本教程讲解自主图形平台的绘图。

图 10-2A 软件的两种绘图平台

点击"楼板布筋"按钮，进入板绘图页面，图 10-2B。页面中设有菜单、工具栏("菜单"中"命令"的快捷按钮)、绘图区、命令提示区 (显示各项命令的操作提示)。

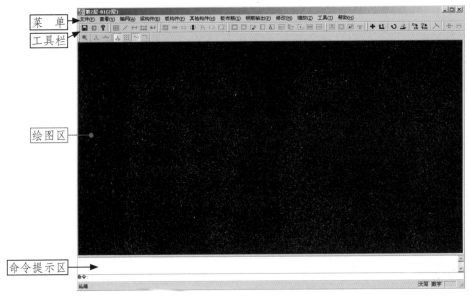

图 10-2B 板的绘图主页面

提示：熟练掌握放大缩小操作来移动图形

软件中，绘图区中的图形向上下左右移动，也要通过放大缩小实现，因此，需要理解放大缩小原理，并熟练掌握操作，以使图形的全部或局部顺利显示在电脑屏幕所需位置。原理及操作，将在"轴网"绘制完成后，结合实例说明。

下面，在绘图区将示例板绘制出来。

1）建立轴网，并标注轴号

"轴网"菜单中，设有两种轴线绘制命令，即"正交轴网"、"单根轴线"，图10-3。

正交轴网：即矩形网格轴线，网格内轴线均"十字垂直正交"，每根轴线均贯通轴网。板图形中的这部分轴线可使用"正交轴网"命令自动生成。

单根轴线：与正交轴网的轴线以 T 形、L 形、斜向相交的轴线，不贯通轴网。这种轴线使用"单根轴线"命令一根根手动绘制。

框架结构：多数轴线在正交轴网中，少数轴线为"单根轴线"。

剪力墙结构住宅：少数轴线在正交轴网中，多数轴线为"单根轴线"。

图10-3 "轴网"菜单

（1）建立正交轴网

点击"轴网"菜单中"正交轴网"命令，图10-4A（或点击"工具栏"的"正交轴网"按钮，图10-4B），弹出"正交轴网"窗口，图10-4C。

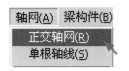

图10-4A"正交轴网"命令

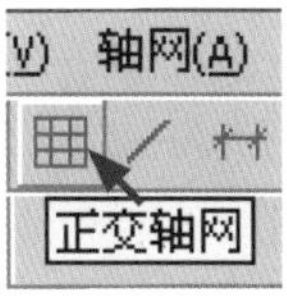

图10-4B "正交轴网"按钮

图10-4C"正交轴网"窗口

窗口中含 4 项参数：

X 向轴线"相同跨数"及"跨度"；

Y 向轴线"相同跨数"及"跨度"；

"转角"：整个轴网的转角角度；

"预览"：轴网的预览显示。

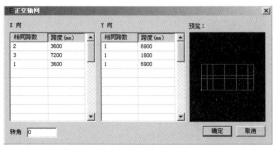

图10-4D 在"正交轴网"窗口中输入示例板参数

在表格中输入示例板的轴线参数，图10-4D，预览区显示出轴网。点击"确定"按钮，此窗口关闭，回到绘图区，在绘图区中任意位置点击一下鼠标，轴网显示出来。图10-5。

注意：这时向前转动鼠标滑轮，图形放大；向后转动滑轮，图形缩小。

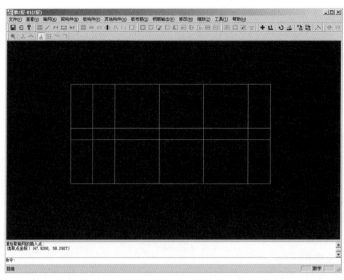

图 10-5　绘图区显示出轴网（**注意：**回到绘图区时需在任意位置点一下鼠标，才显示轴网）

操作细节一：图形的放大缩小

　　绘图区中的图形，位于二维平面坐标系中。鼠标光标点即是这个坐标系 X 轴、Y 轴的坐标原点 $(0, 0)$。当光标停在某一点固定不动时，X 轴、Y 轴位置随之固定。放大图形时，图形中各条线长度放大，同时各条线相对于 X 轴、Y 轴的距离也放大；缩小图形时，图形中各条线长度按比例缩小，同时各条线相对于 X 轴、Y 轴的距离也缩小。即图形在放大缩小时，同时产生位置移动。示例如下：

例一：鼠标光标点在图形之外

　　鼠标光标点位于图形之外保持不动，放大缩小时图形的大小及位置变化如图 X -2A ～图 X -2C。

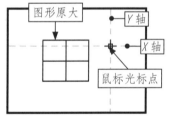

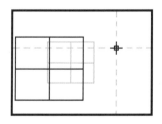

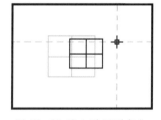

图 X -2A 图形原大及光标点位置　　　　图 X -2B 放大时图形变化　　　　图 X -2C 缩小时图形变化

例二：鼠标光标点在图形之中

　　鼠标光标点位于图形之中保持不动，放大缩小时图形的大小及位置变化如图 X -3A ～图 X -3C。

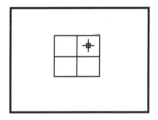

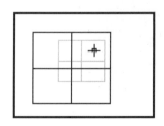

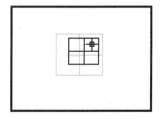

图 X -3A 图形原大及光标点位置　　　　图 X -3B 放大时图形变化　　　　图 X -3C 缩小时图形变化

例三：查看图形左、右、上、下局部

放大图形查看某局部后，图X-4A，需放大另一局部查看时，则将光标放在合适位置先缩小图形，显示出图形整体，再移动光标点至合适位置，图X-4B，放大图形，另一局部显示出来，图X-4C。

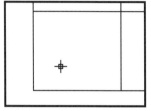
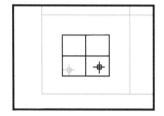
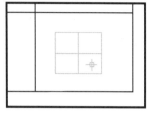

图X-4A 左下局部放大时　　　图X-4B 缩小图形后移动光标位置　　　图X-4C 再放大显示出右下局部

软件设有"窗口缩放"命令

点击"缩放"菜单中"窗口缩放"命令，图X-5A(或点击"工具栏"中"窗口缩放"按钮，图X-5B)，光标变成"十字形"，按住鼠标左键"框选"图形中需放大部位，图X-5C，则框选部位放大，图X-5D。注意：操作完成后，按鼠标右键取消此命令。

图X-5A "缩放"菜单中"窗口缩放"命令　　　图X-5B "工具栏"中"窗口缩放"按钮

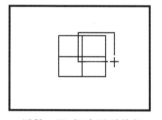
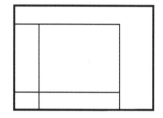

图X-5C 框选图形局部　　　　　　　图X-5D 局部图形放大

操作细节二：图形中轴线在交点处被打断

建立正交轴网后，用光标划过各条轴线，会发现轴线在"交点"处被软件"自动断开"为一段一段的"线段"，当"方心十字形光标的中心小方框"接触到线段时，线段变成"红色"，图X-6。

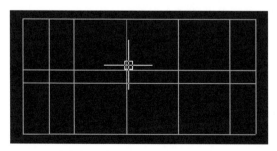

图X-6 各条轴线在"交点"处"断开"为"线段"

说明：板图形中，梁跨度按轴线长度生成，板块跨度按梁跨度生成。因此软件建立"正交轴网"时，就自动将轴线在交点处打断，以使生成的梁跨度符合"板块的每一向跨度"。

重要提示：软件中"单根轴线"命令绘制出的轴线，也会自动打断与其相交的轴线。

（2）绘制单根轴线

示例板中，有4处需要绘制"单根轴线"（即未贯通轴网的轴线），如图 X–7 中箭头所指位置的轴线，我们使用"参数化复制"及"单根轴线"功能绘制这些单根轴线。

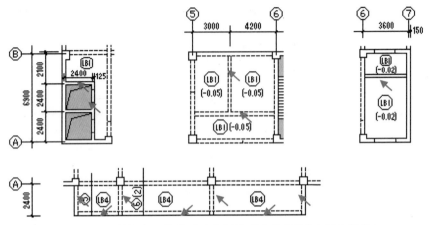

图 X –7　示例板中4处需手动绘制的"单根轴线"（箭头所指）

① 绘制右侧⑥—⑦轴间的那"一根"单根轴线

使用"参数化复制"功能绘制，见图 X–8 中的说明。

参数化复制：即指复制图形中某一"物体"，并将复制出的"物体"移动到由参数设定的新位置。"原位置"仍保留"原物体"。

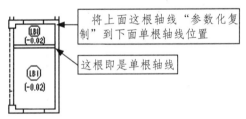

将上面这根轴线"参数化复制"到下面单根轴线位置

这根即是单根轴线

图 X –8　⑥—⑦轴间的单根轴线

点击"修改"菜单中"参数化复制"命令，图 10-6A（或点击"工具栏"中"参数化复制"按钮，图 10-6B），弹出"参数化复制"窗口，图 10-6C。命令提示区显示出操作提示，图 10-6D。

图 10-6A "参数化复制"命令　　　　图 10-6B "工具栏"中"参数化复制"按钮

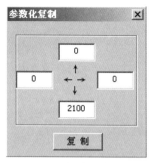

图 10-6C "参数化复制"窗口

"参数化复制"窗口设有"↑、↓、→、←"四个方向的移动尺寸输入框，本示例选定的轴线需向下移动 2100，在"↓"输入框中输入"2100"，图 10-6C。

图 10-6D　绘图区左下角的"命令操作提示"

弹出"参数化复制"窗口时，光标变成"小方框形"，图 10-6E，按操作提示，用此光标点击所选轴线，轴线变红色并加入蓝色选中框，按鼠标右键确认，光标变回"方心十字形"，再点击"参数化复制"窗口的"复制"按钮，图 10-6F，所需轴线绘出，图 10-6G。

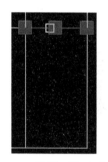

图 10-6E　点击所选轴线右键确认

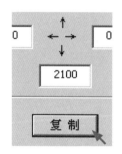

图 10-6F　再点击"复制"按钮　图 10-6G　图形中绘出所需轴线

操作细节三：参数化复制出的轴线不能打断与其相交的轴线

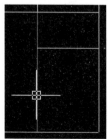

图 X -9 轴线未被打断

将光标移到与参数化复制的轴线相交的轴线，如图 X -9 中 Y 向轴线，可见"整段"轴线变成红色，表示这段轴线并没有被打断。

将出现的问题：软件"自动布梁"时，梁跨按轴线长，这根轴线未打断，"自动布梁"时此轴线长度上将布置一跨梁，而不是两跨。软件"自动布板"时，板跨按梁跨，此处将布置为一块板，而不是两块，这与本示例板块布置不符。

解决办法： 下步"布置梁"时，此位置采用"手动建梁"方式布置成两跨梁。

操作细节四：命令的操作

1. 命令的操作顺序

软件中各项命令的操作顺序均为："先选定命令，再选定物体"，而不是"先选定物体，再选定命令"。注意按这种顺序操作。

2. 命令的操作提示

"选定"命令后，绘图区左下角"命令提示区"显示出操作提示，注意查看。以"参数化复制"为例，点选命令后，提示区显示"请选择需要复制的物体，以鼠标右键确认选择"，图X-10提示文字中的"物体"是指板图形中绘制的"线、梁、板块、钢筋、洞口、后浇带"等各种"物体"。

命令：movep命令：*取消*
命令：copyp

请选择需要复制的物体,以鼠标右键确认选择

图X-10　　"参数化复制"命令的操作提示

3. 选定命令后鼠标光标形式的变化

以"参数化复制"为例，选定后，光标由"方心十字形"变为"小方框形"，图X-11A、图X-11B。

图X-11A "方心十字形"光标　　图X-11B "小方框形"光标　　图X-11C "十字形"光标

"方心十字形"光标：表示"尚未选定命令"状态。但这种光标可以选定图形中的"物体"进行"删除"。点选某一个"物体"后，物体改变颜色（线、梁、板变为红色，加蓝色选中框），按键盘中"Delete"删除键，所选物体删除（"轴号"和"施工段"不能这样删除，需使用专门"删除"命令）。

注意：不要轻易"删除"，软件未设"返回到上一步"功能，删除后图形回不到原样。因此，确定准了需删除的"物体"后再删除。

"小方框形"光标：表示"已选定命令"状态，以此形式点选图形中"物体"，物体变红色并加蓝色选中框，按鼠标右键确认，命令执行完成，光标变回"方心十字形"。

"十字形"光标：选定手动绘图命令时，如选定"单根轴线、两点建梁、手工绘板"等命令时，显示出此光标，图X-11C。其中心为一点，可准确对应到图形中的端点或交点。

4. 取消命令

选定命令后，光标形式相应改变。如需取消命令，按下列说明操作：

（1）尚未点选物体时，则点击鼠标右键，直至显示出"方心十字形"光标。

（2）如果已经点选了"物体"，则按键盘左上角"Esc退出键"取消命令，直至显示出"方心十字形"光标。

（3）"图形缩放"的命令只能按鼠标右键取消。

5. 重复命令

执行完成一次命令后，需重复执行此命令时，再按一下鼠标右键，则此命令恢复为选定状态，光标变回为执行命令形式。此为快捷操作方式，否则需重新点选命令。

② 绘制⑤—⑥轴间的那"两根"单根轴线

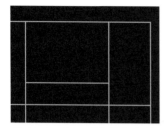

首先,仍采用"参数化复制"命令完成 X 向单根轴线的绘制(↑ 参数为 1800),绘制后如图 10-7A,然后使用"单根轴线"命令绘制 Y 向轴线。

图 10-7A 先用"参数化复制"命令绘制出 X 向的轴线

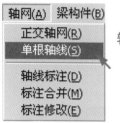

点击"轴网"菜单中"单根轴线"命令,图 10-7B(或点击"单根轴线"按钮,图 10-7C),光标变成"十字形",图 10-7D。

图 10-7B "单根轴线"命令　　　图 10-7C "单根轴线"按钮　　图 10-7D 光标变成"十字形"

将"十字形"光标移动到⑤轴轴线端点,靠近时显示出"方框",表示软件自动捕捉到竖向轴线的端点,图 10-7E,移动光标对准交点,显示"×",表示已对准这一交点,图 10-7F。点鼠标左键,交点处引出一条线连接到光标中心,并随中心移动,图 10-7G,将光标移动另一交点,图 10-7H,点击鼠标左键确定,此"单根轴线"绘制完成。

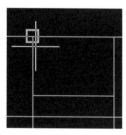

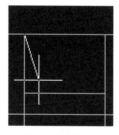
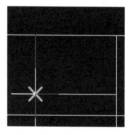

图 10-7E 捕捉到端点　　图 10-7F 点选此起点　　图 10-7G 引出线　　图 10-7H 点选此终点

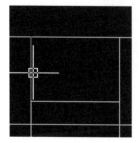

移动光标到所绘制的单根轴线位置,可看到线段变红,图 10-7I。注意:此时,此线段与此位置的整根轴线重叠。

使用"参数化移动"命令,移动此线段到所需位置。

参数化移动:即移动物体后原位置不保留物体,操作同"参数化复制"。

图 10-7I 绘制的单根线段

点击"修改"菜单中"参数化移动"命令，图 10-7J(或点击"参数化移动"按钮，图 10-7K)，弹出"参数化移动"窗口，图 10-7L，在"→"输入框中输入"3000"（其他框中改为"0"。必须改为"0"，不能为"空"），然后用"小方框光标"点击所绘线段，按鼠标右键确认，图 10-7M，点窗口中"移动"按钮，图 10-7N，线段移动到位，图 10-7O。

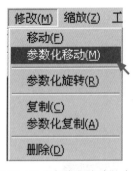

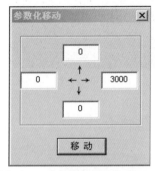

图 10-7J "参数化移动"命令　　图 10-7K "参数化移动"按钮　　图 10-7L "参数化移动"窗口

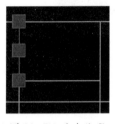

图 10-7M 选中线段　　　　　图 10-7N 点"移动"按钮　　　　图 10-7O 线段移动完成

③ 绘制①—②轴间的"两根"单根轴线

按轴线定位尺寸，使用"参数化复制"绘制出两根轴线，图 10-8A。因是参数化复制，两根轴线相交处不能自动打断，两根多出的线头无法删除。

绘制一根"单根轴线"至交点处，这两根轴线在交点处被打断，之后删除线头，形成所需形式轴线。图 10-8B，图 10-8C。

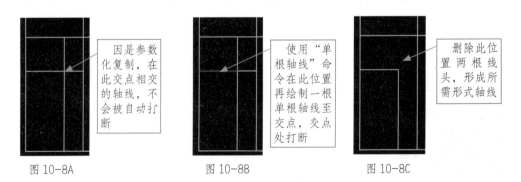

图 10-8A　　　　　　　　　　图 10-8B　　　　　　　　　　图 10-8C

④ 绘制 A 轴下方的轴线

使用"参数化复制"和"单根轴线"命令，绘制 A 轴下方的 3 根 X 向轴线和 4 根 Y 向轴线，图 10-9。

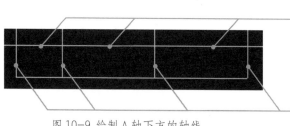

将这 3 根 X 向轴线，使用"参数化复制"命令复制为下面的 3 根，"↓"移动参数为 2400。可同时选定 3 根

这 4 根 Y 向轴线，使用"单根轴线"命令绘制

图 10-9　绘制 A 轴下方的轴线

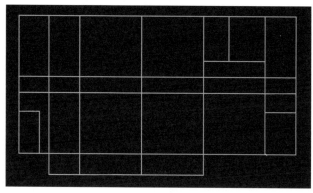

图 10-10　绘制完成的轴网

至此，本示例板轴网绘制完成，图 10-10。

（3）标注轴号

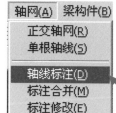

点击"轴网"菜单中"轴线标注"命令，图 10-11A（或点击"标注轴线尺寸"按钮，图 10-11B），光标变成小方框形，图 10-11C，命令提示区显示出操作提示，图 10-11D。

图 10-11A　"轴线标注"命令

图 10-11B　"标注轴线尺寸"按钮

图 10-11C　光标变成小方框形

图 10-11D　命令提示区显示出操作提示

121

本示例，先标注 X 向的轴线。

首先选择需要标注的轴线，有两种方式：

第一种，用"小方框"光标"框选"多根轴线。

第二种，用"小方框"光标一根根点选轴线。

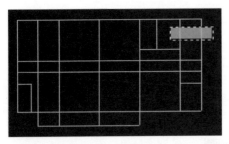 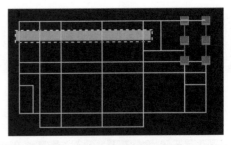

图 10-11E 用小方框形光标框选轴线   图 10-11F 继续框选轴线

"框选"操作方法：将光标放在图形右侧，按住鼠标左键，向左侧移动，X 向轴线被框选，图 10-11E。到⑥轴后，松开鼠标左键，再点按一下鼠标左键，被框选轴线变成"红色"，加入蓝色选中框，此时光标仍为"小方框形"，表示仍可执行框选命令，继续框选⑤轴至①轴轴线，图 10-11F。轴线全部选定后如图 10-11G。

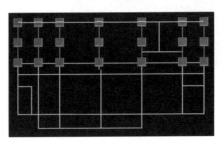

图 10-11G 全部轴线被框选

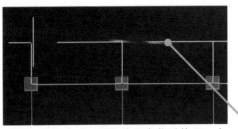

图 10-11H 命令提示区显示出新的提示内容

按提示"以鼠标右键确认选择"，点击鼠标右键。命令提示区又显示出"请在需要标注的一侧拾取一点："，图 10-11H。

将光标移到图形上方任意位置，显示出"轴号位置线"，图 10-11I，点左键，弹出"起始轴号"窗口，在"起始轴号"输入框中输入"1"，图 10-11J。

图 10-11I 在"一侧"的任意位置拾取一点   图 10-11J "起始轴号"窗口

点"确定"按钮，图形上方加入 X 向轴号，图 10-11K、图 10-11L。

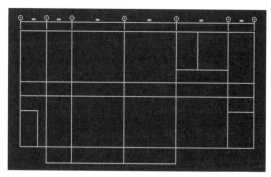

图 10-11K　图形中加入 X 向轴号

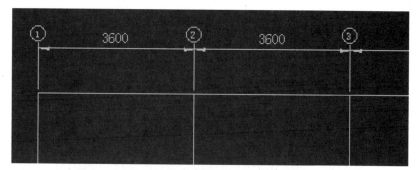

图 10-11L　局部放大图形中轴号

　　同样方式在图形左侧完成 Y 向轴号标注，起始轴号为"A"，完成后如图 10-11M、图 10-11N 所示。

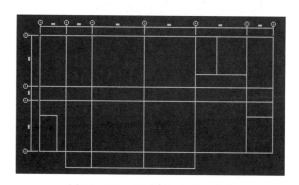

图 10-11M　图形中加入 Y 向轴号

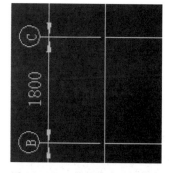

图 10-11N　局部放大 Y 向轴号

至此，本示例"轴号标注"完成。

操作细节五：框选操作时的光标移动方向

　　"从右至左"移动光标，显示出"绿色底白虚线"边框，可框选住物体。"从左至右"移动光标，显示出"蓝色底白实线"框，不可框选住物体。

操作细节六：软件自主平台中，板支座"梁"及"墙"一律视为"梁"

2）布置板的支座——梁

（1）网格布梁

布置梁的操作顺序为：先直接在轴线上布置梁（软件设有梁的默认参数）；布梁之后再编辑各梁的有关参数。

点击"梁构件"菜单"网格布梁"命令，图 10-12A（或点击"轴线上布置梁"按钮，图 10-12B），图形中各轴线布置上绿色的"梁"，图 10-12C。

图 10-12A "网格布梁"命令　　　　　图 10-12B "轴线上布置梁"按钮

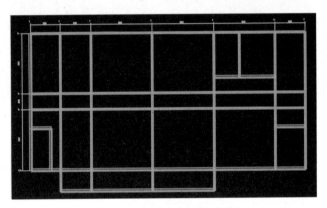

图 10-12C 各轴线布置上"梁"

操作细节七：及时发现绘制有误的梁

"网格布梁"后很容易发现梁绘制有误，如图 X-12 中的"梁"，有边线但其中没有填充绿色，为"两梁重叠"的图形显示。

网格自动布梁，是有轴线就布梁。出现"两梁重叠"是因为"两轴线重叠"。本示例前面操作中，

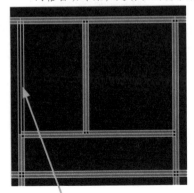

该位置绘制的"单根轴线"是使用"参数化移动"命令移走的，不会出现"两轴线重叠"。

如果误用"参数化复制"命令，此位置仍会留有单根轴线，与长轴线重叠。由于重叠不易被发现而未及时改正，"网格布梁"时，"重叠的轴线上"则布置了"重叠的梁"。

修改方法：（1）删除此处多出的梁。（2）使用"梁构件"菜单中"删除所有梁"命令，删除所有梁，然后删除此位置重叠的单根轴线，再重新"网格布梁"，则梁显示正确。

图 X-12 如有"轴线重叠"则会出现"两梁重叠"

操作细节八：需按板块跨度将整根梁改为两段梁

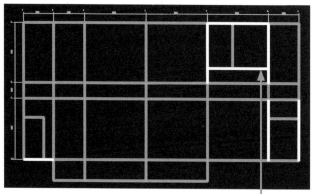

图 X-13 图中白色梁为整根梁

以这根梁为例讲解

"参数化复制"出的轴线，不能在交点处打断与其相交的轴线，因此未打断的轴线上，被软件布置为整根梁（图 X-13 中以"白色"标志的"整根梁"）。

需将整根梁按板块跨度改为两段。

操作步骤：删除整根梁，使用"两点建梁"命令，在原位置轴线上手动绘制出"两段"梁。

删除梁的操作：点击"修改"菜单中"删除"命令，图 10-13A（或点击"删除"按钮，图 10-13B），光标变成"小方框形"，左键点选需删除的梁，再按右键，所选梁删除，图 10-13C、图 10-13D。

注：也可用"方心十字形光标"点选中梁，然后使用"Delete"键删除梁。

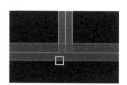

图 10-13A "删除"命令　图 10-13B "删除"按钮　图 10-13C 左键点选梁　图 10-13D 右键确认梁删除

操作细节九："删除"命令的适用范围

提示：用"删除"命令选中物体后，可使用"退出"键取消"删除"命令。

软件中"删除"命令可"删除所有物体"。而使用"Delete"删除键（用"方心十字形"光标先点选"物体"，再按 Delete 键），除"轴号"和"施工段"不能删除之外，其他物体均可删除。

"删除"命令操作顺序是"先选定命令，再选定物体，右键确认"。

"Delete"删除键的顺序是"先选定物体，再按删除键"。

注意：

（1）"轴线"与"梁边线"挨得很近，容易被误选误删。为避免误删，可放大图形只选梁。

（2）如果使用"删除"命令已经错误地选中物体，但还未按右键确认，按键盘左上角"Esc"退出键可取消"删除"命令，使选中的物体不被删除。

（2）手动绘制梁

点击"梁构件"菜单中"两点建梁"，图 10-14A（或点击"手动绘制梁"按钮，图 10-14B），光标变成"十字形"，同时弹出"梁参数"窗口，输入梁宽、偏心等参数，图 10-14C。

图 10-14A "两点建梁"命令　　　图 10-14B "手动绘制梁"按钮　　　图 10-14C "梁参数"窗口

将光标移至梁起点的轴线交点（梁起点在"轴线交点"），显示出"×"，图 10-14D，点击交点，引出一条线连接到光标中心，移动光标至梁终点的轴线交点处点击，梁绘出。

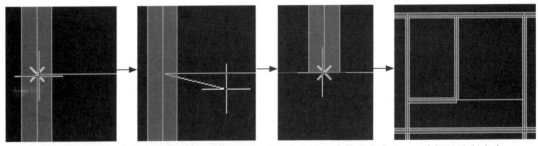

图 10-14D 点击起点（为轴线交点）→引出线→至终点点击（为轴线交点）→单根梁绘制出来

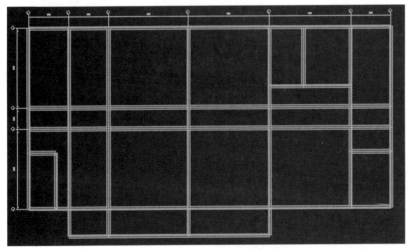

图 10-14E 需分成两段的梁重新绘制完成

同样方法将其他"整根梁"重新绘制为"两段梁"，图 10-14E。

操作技巧提示：使用"Delete"键删除梁，这样可通过"按右键恢复命令"连续进行"两点建梁"操作。

（3）编辑梁宽、梁偏心参数

本示例板的支座——梁参数(包括墙)如图 X –14 所示：

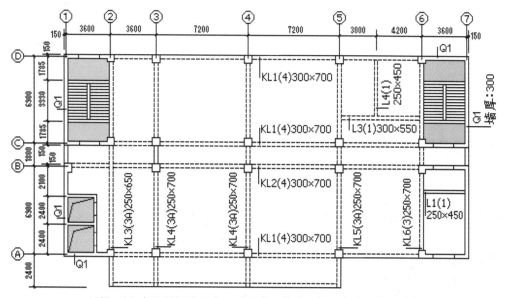

图 X –14 本示例板的梁参数（梁宽、墙厚、偏心方向、偏心值）

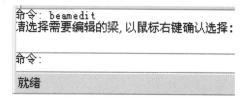

点击"梁构件"菜单中"梁编辑"命令，图 10-15A(或点击"修改梁参数"按钮，图 10-15B)，光标变成"小方框形"，命令提示区显示"请选择需要编辑的梁，以鼠标右键确认选择"，图 10-15C。

图 10-15A "梁编辑"命令　图 10-15B "修改梁参数"按钮　图 10-15C "梁编辑"的命令操作提示

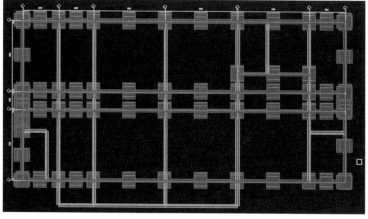

"框选"或"点选"参数相同的梁，例如选中梁宽均为 300、偏心均轴线居中的梁，梁变成红色，加入蓝色选中框，如图 10-15D，按鼠标右键确认，弹出"梁编辑"窗口，图 10-15E。

图 10-15D　框选或逐根点选"梁宽、偏心"参数一致的梁

图 10-15E "梁编辑"窗口

"梁编辑"窗口中，"梁宽"默认为"300"，恰好与选中的"梁"一致，"偏心值"默认为"0"，也与所选梁一致。

向上偏心、向下偏心：是指图纸中 X 向梁的偏心情况。

如为图纸中 Y 向梁，则 X 向梁的"向上偏心"对应 Y 向梁的"向左偏心"，"向下偏心"对应"向右偏心"。

点击"确定"按钮，所选梁参数编辑完成。

同样方式完成另一批"梁宽为250"的梁参数编辑，图 10-15F、图 10-15G。

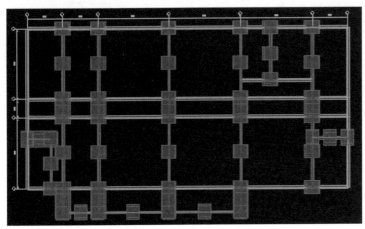

图 10-15F 框选或单根点选另一批"梁宽、偏心"一致的梁

图 10-15G 输入梁参数

至此，本示例"梁"布置完成，各种细节处理完善。

3）生成板块及编辑板参数

生成板块之前，可先设定多数相同板块的参数，以 LB5 为例。

点击"板构件"菜单中"板参数"命令，图 10-16A（或点击"板参数"按钮，图 10-16B），弹出"板参数"窗口，图 10-16C，在"板类型"中选定"楼面板"，按 LB5"板厚"输入"150"，"板顶相对标高"不改，"砼级别"选定"C25"，点"确定"按钮。

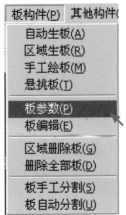

图 10-16A "板参数"命令

图 10-16B "板参数"按钮

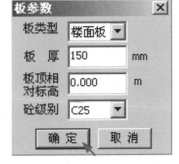

图 10-16C "板参数"窗口

点击"板构件"菜单中"自动生板"命令，图10-17A（或者点"自动围合板构件"按钮，图10-17B），板图形中绘制出由梁支座围合成的"板块"，其厚度均为150，图10-17C、图10-17D。

图10-17A "自动生板"命令　　　图10-17B "自动围合板构件"按钮

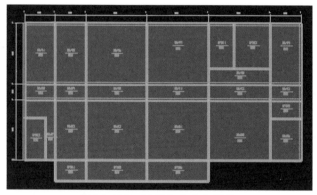

图10-17C　图形中生成各板块

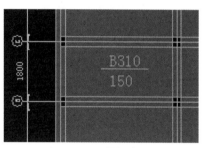

图10-17D　局部放大

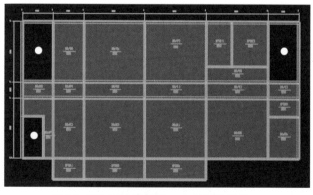

使用"删除"命令或"Delete键"删除图形中不布置的板块，图10-17E。

图10-17E　删除楼梯间、电梯间的板块

操作细节十：板块中显示的参数

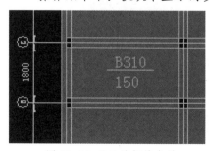

图X-15　显示的板块参数

（1）软件自动为图形中各板块编号，如图X-15中"B310"，此编号可在下一步"板编辑"操作中进一步修改。

（2）图中各板块"板厚"均为先前在"板参数"中设定的"150"，厚度不同的在下一步"板编辑"操作中修改。

（3）当板顶面相对标高"高出"或"低于"楼面标高时，输入的"板块相对标高"也将显示在板块中。

操作细节十一：及时发现未正确生成的板块

"自动生板"后，很容易发现"板块未正确生成"的情况。如图 X −16A、图 X −16B 所示。

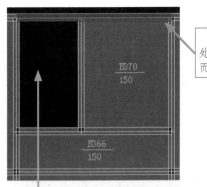

失误原因：此处不应为整根梁，而应为两根梁

失误原因：左右两侧不应为整根梁，而应为两根梁

图 X −16A 失误一：少生成一个板块   图 X −16B 失误二：应生成两板块却为一板块

修改方法：使用"板构件"菜单中"删除全部板"命令，删除所有板，将梁改正为两段，再使用"自动生板"命令，直至板显示正确。

提示：如有梁重叠的失误，则会出现板重叠显示，现象为同一板块位置出现两个板编号。

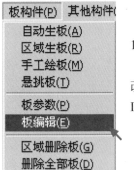

图 10-18A "板参数"命令

LB5 参数已编辑完成，还需编辑其他板块。以 LB1 为例，厚度 120mm，顶面相对标高分别为 0.00、−0.02、−0.05。

点击"板构件"菜单中"板编辑"命令，图 10-18A（或点击"修改板参数"按钮，图 10-18B），光标变成"小方框形"，点选全部 LB1 板块，然后按鼠标右键确认，图 10-18C。

图 10-18B "板参数"按钮

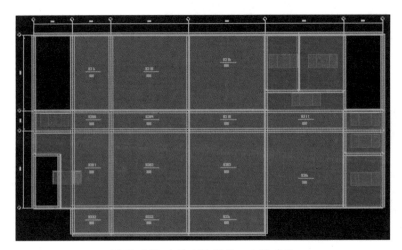

图 10-18C 点选 LB1 板块，右键确认

右键确认后,弹出"板编辑"窗口,图 10-18D,"板名称"中输入"LB1","板厚"输入"120","板顶相对标高"先不改,点"确定"按钮,所选板块显示出名称"LB1"及板厚"120",图 10-18E。

图 10-18D "板编辑"窗口

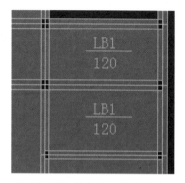

图 10-18E 板名称、板厚改变

重复此步操作,这次只点选相对标高为"-0.05"的 LB1 板块,图 10-18F,在"板编辑"中"板顶相对标高"中输入"-0.05",图 10-18G。点"确定"后,板块中显示出所输顶面标高,图 10-18H。

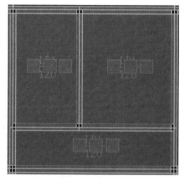

图 10-18F 选择标高为 -0.05 的 LB1 板块

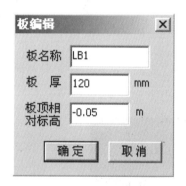

图 10-18G 输入相对标高

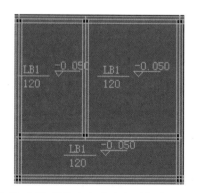

图 10-18H 板块中标注出相对标高 -0.05

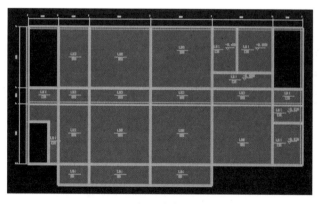

图 10-18I 各板块参数编辑完成

同样操作,编辑完成其他各板块参数,图 10-18I。

4）绘制悬挑板

点击"板构件"菜单中"悬挑板"命令，图 10-19A，光标变成"小方框形"，命令提示区显示"请选择悬挑板的支座梁构件，以鼠标右键确认选择"，图 10-19B。

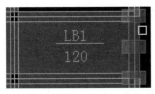

图 10-19A "悬挑板"命令

图 10-19B 命令提示区提示内容

用"小方框"光标点击悬挑板所在梁，图 10-19C，命令提示区显示出"请在需要挑出板的一侧拾取一点"，图 10-19D。

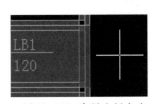

图 10-19C 点击悬挑板所在梁

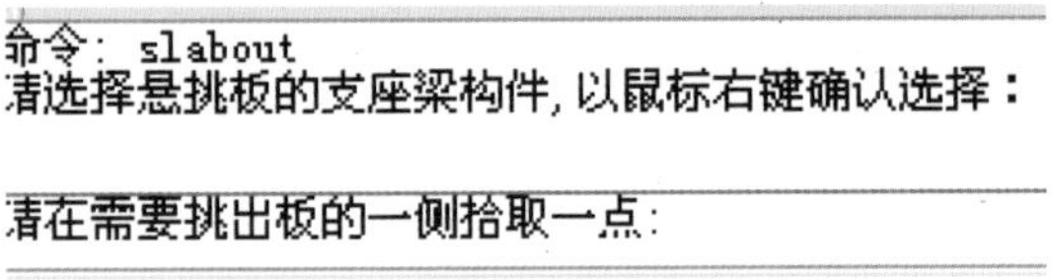

图 10-19D 命令提示区显示新内容

光标变成"十字形"，在梁右侧点击，图 10-19E，弹出"悬挑板挑出长度"窗口，图 10-19F，在其中输入本示例的"900"，点"确定"，XB1 加入图形，图 10-19G。

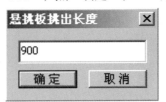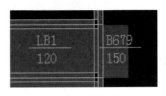

图 10-19E 在梁右侧点击　　图 10-19F 悬挑板挑出长度窗口　　图 10-19G 悬挑板生成

使用"板参数"命令编辑悬挑板参数，图 10-19H。

图 10-19H 悬挑板参数编辑完成

5）绘制洞口

因涉及洞口边缘补强筋及板配筋切断构造，讲解完成板布筋后，再讲解洞口绘制。参看本章附录。但需注意洞口绘制宜在此步完成。

3. 第三步：板钢筋翻样

板块生成之后，如绘制无误，可进行板的钢筋翻样。

操作细节十二：板图形中的钢筋形式

板图形中需布置的钢筋形式，是板筋按板跨、支座位置排布后的形式，共有八种，为：单跨正筋、单跨负筋、多跨正筋、多跨负筋、单支座负筋、多支座负筋、跨中正筋、跨中负筋。

其中，钢筋不够长时，在板跨中部需连接的上部贯通纵筋，可先不考虑连接构造，直接按"单跨负筋或多跨负筋"排布，待输出钢筋配料单后，在配料单中按连接构造进行编辑。

1）板块布筋

以示例板的"LB1"为例。

（1）布置"下部贯通纵筋"

LB1 的下部贯通纵筋均为软件中的"单跨正筋"。

点击"板布筋"菜单中"楼板布筋"命令，图 10-20A（或点击"工具栏"中"楼板布置钢筋"按钮，图 10-20B），弹出"楼板布筋"窗口，图 10-20C。

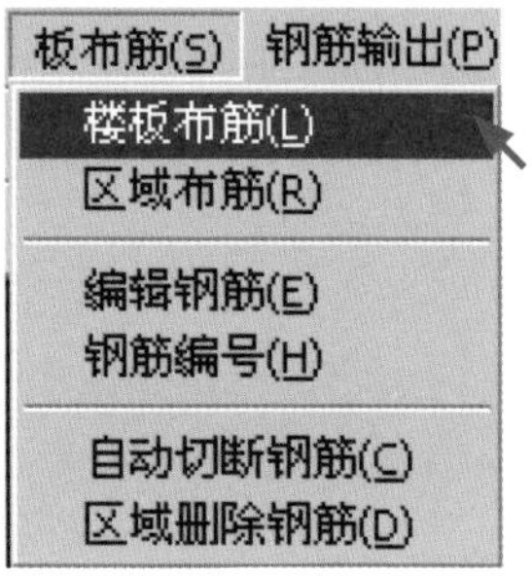

图 10-20A "楼板布筋"命令　　　　　　　图 10-20B "楼板布置钢筋"按钮

注意窗口中"钢筋形式"为 8 种，图 10-20D。注意"单跨正筋"有 4 种"布筋方向"。

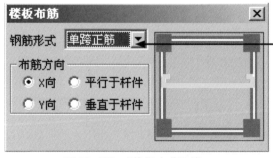

图 10-20C　"楼板布筋"窗口 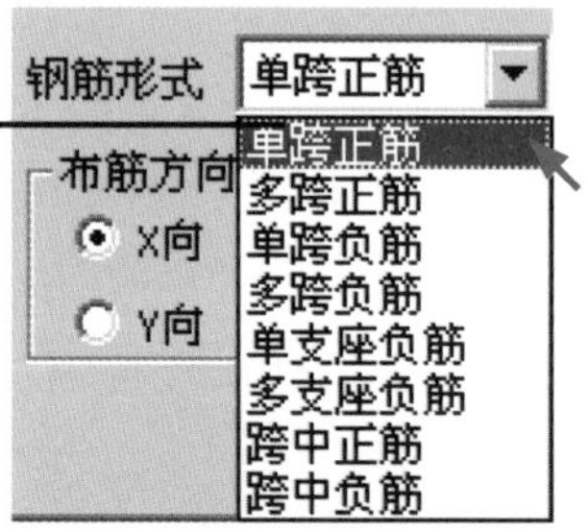　　　　　　图 10-20D　8 种钢筋形式

① 布置 LB1 的 X 向"单跨正筋"

点选窗口中"单跨正筋"及"X 向"，命令提示区显示"请选择需要布置单跨正筋的板，以鼠标右键确认选择"，图 10-20E，光标变为小方框形。

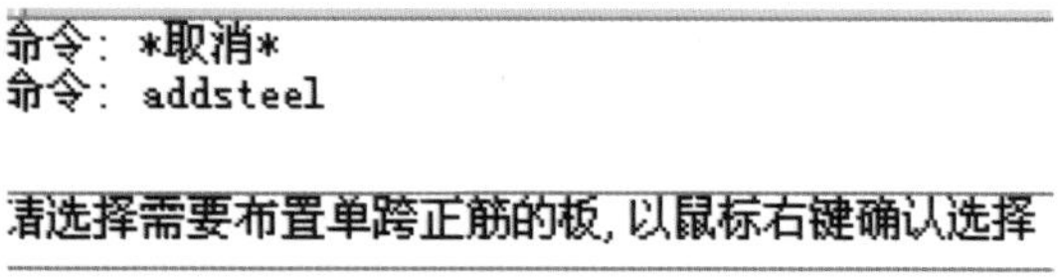

命令：*取消*
命令：addsteel

请选择需要布置单跨正筋的板，以鼠标右键确认选择

图 10-20E 命令提示区显示的提示

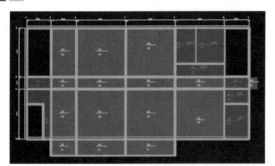

图 10-20F 用小方框形光标选中所有 LB1

用小方框形光标将所有 LB1 都选中，如图 10-20F 所示，点击鼠标右键，弹出"楼板钢筋属性"窗口，图 10-20G。

本示例 LB1 下部贯通纵筋为：B:X&YΦ8@150。在"楼板钢筋属性"窗口中：

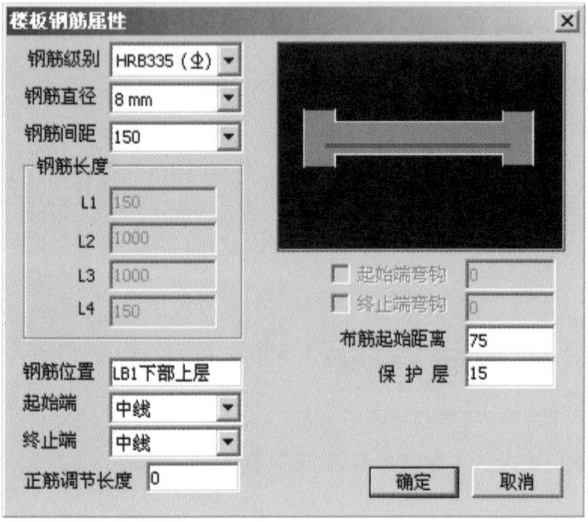

"钢筋级别"点选"HRB335"；

"钢筋直径"点选"8mm"；

"钢筋间距"点选"150"；

"钢筋位置"输入"LB1 下部上层"；

"起始端"点选"中线"；

"终止端"点选"中线"；

"布筋起始距离"输入"75"。

说明：1."钢筋间距"框可手动输入数值。

2."钢筋位置"中可手动输入自定内容。

3."起始端"：X 向钢筋为左端、Y 向为上端；"终止端"：X 向为右端、Y 向为下端。

4.如钢筋为 HPB235 级，勾选"起始端弯钩、终止端弯钩"，及输入弯钩角度"180"。

图 10-20G "楼板钢筋属性"窗口

钢筋属性输入完成，点"确定"按钮，LB1 各板块布置上 X 向单跨正筋，钢筋根数、级别、直径、间距、长度被标注在钢筋的示意线上，图 10-20H、图 10-20I。

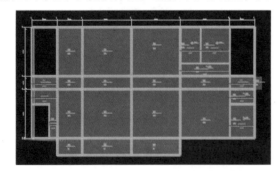

图 10-20H LB1 的 X 向单跨正筋布置完成

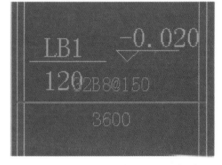

图 10-20I 局部放大 LB1 一板块

② 布置 LB1 的 Y 向"单跨正筋"

操作同"X 向"，只是"布筋方向"选为"Y 向"，"楼板钢筋属性"窗口的"钢筋位置"中输入"LB1 下部下层"，完成后如图 10-20J、图 10-20K。

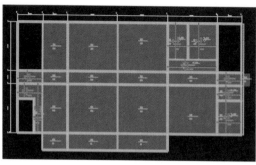

图 10-20J LB1 的 Y 向单跨正筋布置完成

图 10-20K 局部放大 LB1 一板块

按此方式，所有板块（及悬挑板）单跨正筋输入完成，如图 10-20L 所示。

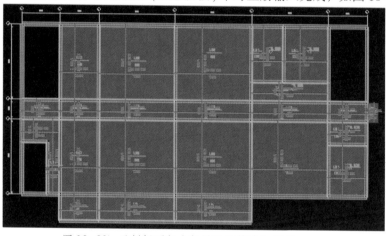

图 10-20L 示例板下部全部贯通纵筋输入完成

操作细节十三：钢筋的"显示设置"

钢筋增多后相互重叠，看不清楚，可使用"显示设置"功能，按需显示钢筋信息。操作方法如图 X -17A、X -17B，弹出"显示控制"对话框，图 X -17C，在其中勾选或取消显示项目。

图 X -17A 点"工具"菜单"显示设置"

图 X -17B 或点"图形显示设置"按钮

图 X -17C "显示控制"对话框

提示：（1）板上部筋、下部筋可分别显示。（2）勾选"显示钢筋位置线"，每一根钢筋位置均显示出来，图 X -17D。

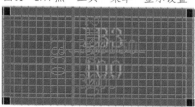

图 X -17D 图形中显示的钢筋位置线

（2）布置"上部贯通纵筋"

布置上部纵筋时，宜在"显示控制"中取消下部筋的显示，以避免干扰。本示例"取消"。

操作细节十四：注意按上部贯通纵筋构造确定钢筋形式

板上部贯通纵筋，排布构造变化较多，按平法图集，其构造主要为：

（1）上部贯通纵筋的两端总是锚固在支座中，因此，在板图形中布筋时，既可以软件中的"单跨负筋、多跨负筋"形式排布，也可以软件中的"单支座负筋、多支座负筋"形式排布。

（2）连接：钢筋足够长时，上部贯通纵筋能通则通。当钢筋不够长时，在板块跨中连接。在板图形中布筋时，可先不考虑其连接构造，直接以"单跨负筋、多跨负筋、单支座负筋、多支座负筋"形式排布，待输出钢筋配料单后，在配料单中按连接构造编辑。

（3）连通：当支座一侧设置了上部贯通纵筋，而支座另一侧仅设置了上部非贯通纵筋时，如果支座两侧设置的纵筋直径、间距相同，应将二者连通，避免各自在支座上部分别锚固。遇到此种情况，上部贯通纵筋则变化为"多支座负筋"形式。

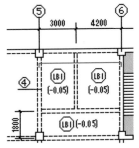

图 X –18 LB1 的 X 向负筋

我们先布置图 X–18 中 LB1 的 X 向上部贯通纵筋。

此位置上部贯通筋贯通 2 跨，为"钢筋足够长时能通则通"构造。使用"钢筋形式"中的"多跨负筋"或"单支座负筋"均可完成布筋。我们分别说明这两种"钢筋形式"的布筋操作。

① 第一种方法：用"多跨负筋"布置 LB1 的 X 向上部贯通纵筋

点击"楼板布置钢筋"按钮，图 10-21A，弹出"楼板布筋"窗口，在"钢筋形式"中选择"多跨负筋"，图 10-21B。

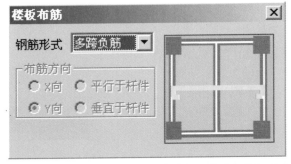

图 10-21A 点"楼板布置钢筋"按钮

图 10-21B 在"楼板钢筋"窗口中选择"多跨负筋"形式

```
命令：*取消*
命令：addsteel
请选择多跨负筋起始处板构件，以鼠标右键确认选择
```

命令提示区显示"请选择多跨负筋起始处板构件，以鼠标右键确认选择"，图 10-21C。

图 10-21C 命令提示区显示的操作步骤提示

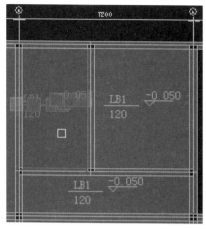

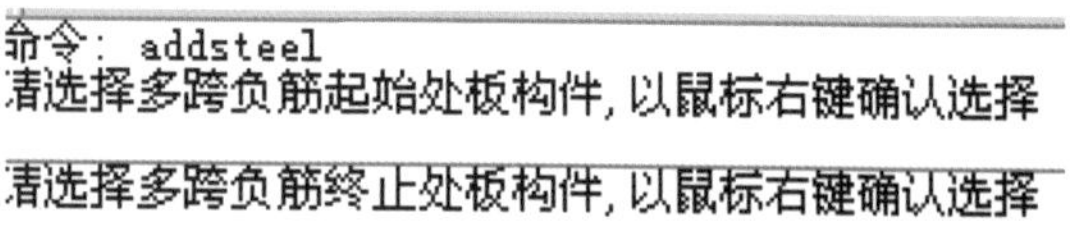

图 10-21D 先左键点选起始板块，右键确认

按提示，左键点选左侧"起始"的板，按右键确认，图 10-21D。命令提示区又显示"请选择多跨负筋终止处板构件，以鼠标右键确认选择"，图 10-21E。

命令: addsteel
请选择多跨负筋起始处板构件,以鼠标右键确认选择

请选择多跨负筋终止处板构件,以鼠标右键确认选择

图 10-21E 命令提示区显示"选择终止处板块"

按提示，左键点击右侧"终止"的板，按右键确认，图 10-21F。命令提示区又显示出"请选择与布筋方向平行的构件，以鼠标右键确认选择"，图 10-21G。

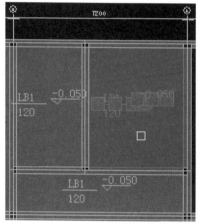

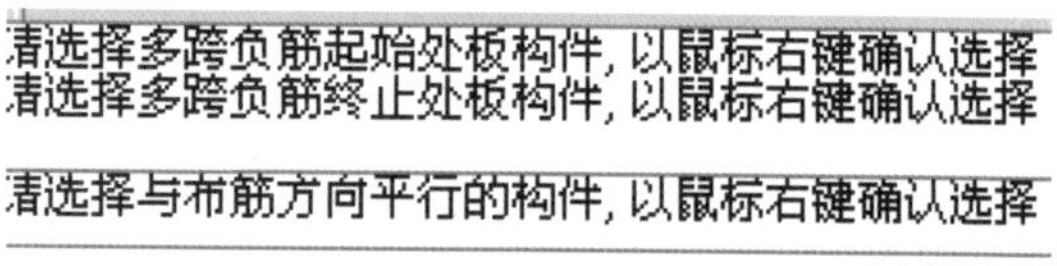

图 10-21F 左键点选终止板块，右键确认

请选择多跨负筋起始处板构件,以鼠标右键确认选择
请选择多跨负筋终止处板构件,以鼠标右键确认选择

请选择与布筋方向平行的构件,以鼠标右键确认选择

图 10-21G 命令提示区显示"选择与布筋方向平行的构件"

按提示，点击图 10-21H 中的梁，按右键确认，弹出"楼板钢筋属性"窗口，在其中输入 LB1 上部贯通筋各项参数，图 10-21I。

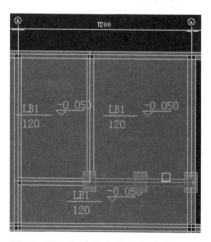

图 10-21H 左键点选所需方向的梁，右键确认

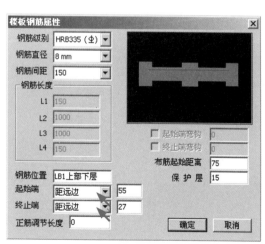

图 10-21I 在"楼板钢筋属性"窗口输入参数

窗口中的"起始端"、"终止端"中含有"距远边"、"距近边"两个选项。

"距远边"，是指"支座内钢筋弯折段外皮"距"支座外侧边缘"的距离。

"距近边"，是指"支座内钢筋弯折段外皮"距"支座内侧边缘"的距离。

本示例板筋的起始端为梁，选择"距远边"，按"梁保护层厚 20 ＋梁箍筋 10 ＋梁角筋直径 25"（这里按 11G101 保护层的设置），在其后显示出的输入框中输入"55"（如选择"距近边"，则输入"195"，即"梁宽－ 55"）。

本示例板筋的终止端为墙，选择"距远边"，按"墙保护层 15 ＋墙竖向分布筋直径 12"，在其后输入框中输入"27"（如选择"距近边"，则输入"223"，即"墙厚 –27"）。

各项参数输入正确后，点"确定"按钮，所选板块加入上部贯通筋，图 10-21J，但其端部没有弯折段，不符合构造，需使用"钢筋编辑"命令修改"端部"。

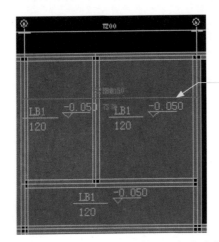

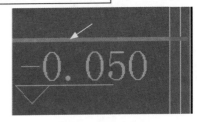

此钢筋即为两块 LB1 的上部贯通纵筋。需使用"钢筋编辑"命令修改其端部构造

图 10-21J 所选 LB1 板块中加入上部贯通筋，但端部未加入弯折段

点击"板布筋"菜单中"编辑钢筋"命令，图 10-21K（或点击"工具栏"中"编辑钢筋"按钮，图 10-21L），光标变成"小方框形"，放大图形用光标准确点选加入的上部贯通筋，点参数或钢筋示意线均可，图 10-21M。弹出"钢筋编辑"窗口，图 10-21N。

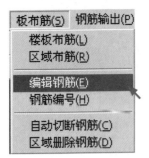

图 10-21K 点选"编辑钢筋"命令　图 10-21L 或点"编辑钢筋"按钮　　图 10-21M 准确点选钢筋

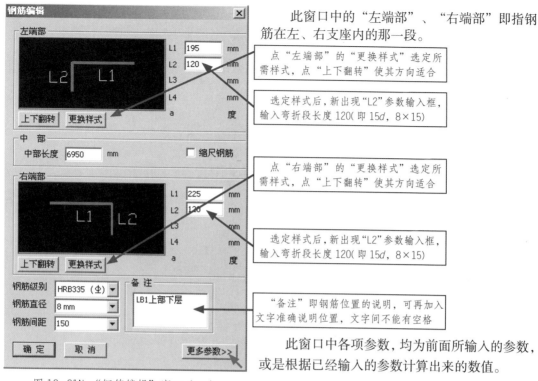

此窗口中的"左端部"、"右端部"即指钢筋在左、右支座内的那一段。

点"左端部"的"更换样式"选定所需样式，点"上下翻转"使其方向适合

选定样式后，新出现"L2"参数输入框，输入弯折段长度120(即15d，8×15)

点"右端部"的"更换样式"选定所需样式，点"上下翻转"使其方向适合

选定样式后，新出现"L2"参数输入框，输入弯折段长度120(即15d，8×15)

"备注"即钢筋位置的说明，可再加入文字准确说明位置，文字间不能有空格

此窗口中各项参数，均为前面所输入的参数，或是根据已经输入的参数计算出来的数值。

图 10-21N　"钢筋编辑"窗口（一）

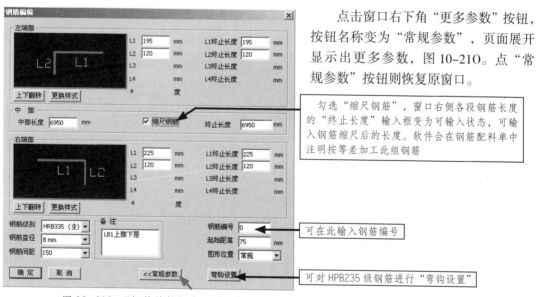

点击窗口右下角"更多参数"按钮，按钮名称变为"常规参数"，页面展开显示出更多参数，图 10-21O。点"常规参数"按钮则恢复原窗口。

勾选"缩尺钢筋"，窗口右侧各段钢筋长度的"终止长度"输入框变为可输入状态，可输入钢筋缩尺后的长度。软件会在钢筋配料单中注明按等差加工此组钢筋

可在此输入钢筋编号

可对 HPB235 级钢筋进行"弯钩设置"

图 10-21O　"钢筋编辑"窗口（二）

注："缩尺钢筋"是指钢筋长度中某段等差减少的情况。例如，悬挑板端部和根部厚度不同，平行于端部支座的钢筋弯折段长度，自根部至端部将等差减小。再如，梯形板中平行于两底边的钢筋，其长度也是自长边至短边等差减少。在软件中输入的某段"终止长度"即是指尺寸缩短后的最短的钢筋长度。

钢筋编辑完成,点"确定"按钮,图形中LB1上部贯通筋加入弯折段,图 10-21P,符合了构造要求。

图 10-21P 本示例上部贯通筋端部加入了弯折段

② 第二种方法:用"单支座负筋"布置LB1的 Y 向上部贯通纵筋

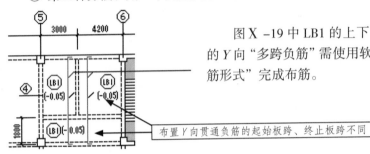

图 X –19 中 LB1 的上下板块邻边板跨不等,此位置的 Y 向"多跨负筋"需使用软件中的"单支座负筋"的"钢筋形式"完成布筋。

布置 Y 向贯通负筋的起始板跨、终止板跨不同

图 X –19 示例板 LB1 的负筋

操作细节十五:"多跨负筋"只适用于起始板跨、终止板跨相同的情况

"多跨负筋",只适用于起始板跨、终止板跨相同的板块,且必须均为矩形板块。当起、止板跨不同时,或某一板块不是矩形时,"多跨负筋"无法完成布筋,这时可使用"单支座负筋"完成布筋。

点击"工具栏"中"楼板布置钢筋"按钮,图 10-22A,弹出"楼板布筋"窗口,在"钢筋形式"中点选"单支座负筋",图 10-22B。

图 10-22A 点"楼板布置钢筋"按钮

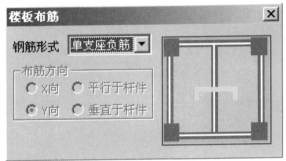

图 10-22B 点选钢筋形式中"单支座负筋"

命令提示区显示出"请选择需要布置单支座负筋的梁,以鼠标右键确认选择",图 10-22C,光标变成"小方框形"。

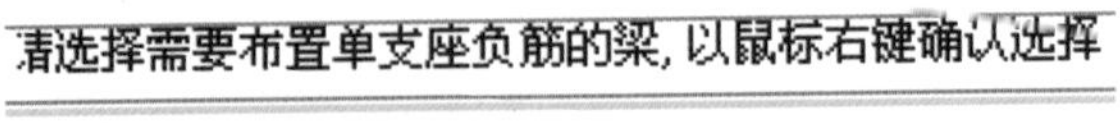

请选择需要布置单支座负筋的梁,以鼠标右键确认选择

图 10-22C 命令提示区的提示

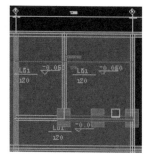

图 10-22D 点击需要布置单支座负筋的梁

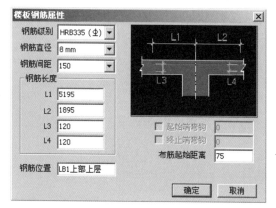

图 10-22E 在"楼板钢筋属性"窗口输入参数

按操作提示，用小方框形光标点击图 10-22D 中的梁，然后按鼠标右键确认，弹出"楼板钢筋属性"窗口，由于所选梁为"中间支座"，此窗口软件对应显示为"中间支座负筋"的图像及参数，图 10-22E。

按窗口中设置的各项参数输入参数。

"L1"输入"5195"（为上、中两支座中心线距离 5100 ＋中心线至弯折段外皮距离 95）。"L2"输入"1895"（为中、下两支座中心线距离 1800 ＋中心线至弯折段外皮距离 95）。

注：95 为 1/2 梁宽 −(保护层＋箍筋直径＋梁纵筋直径)，即 $300/2-(20 + 10 + 25) = 95$。

其他参数见窗口中。

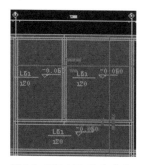

图 10-22F LB1 的负筋加入图形中

点击"确定"按钮，图形中加入 LB1 的 Y 向上部贯通纵筋，图 10-22F。

也可通过"边支座"的"单支座负筋"钢筋形式完成布筋，如图 10-22G、图 10-22H(其中"L2"为"7090"，即轴跨 6900 ＋起始支座的 95 ＋终止支座的 95)、图 10-22I 所示。

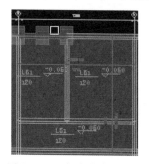

图 10-22G 点选边支座的梁

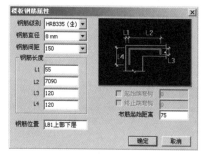

图 10-22H 输入的参数

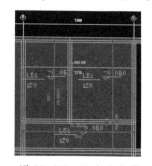

图 10-22I LB1 加入负筋

示例板左侧 LB1 的上部贯通纵筋，其排布如图 X –20 所示。

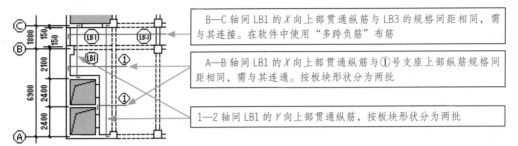

> B—C 轴间 LB1 的 X 向上部贯通纵筋与 LB3 的规格间距相同，需与其连接。在软件中使用"多跨负筋"布筋

> A—B 轴间 LB1 的 X 向上部贯通纵筋与①号支座上部纵筋规格间距相同，需与其连通。按板块形状分为两批

> 1—2 轴间 LB1 的 Y 向上部贯通纵筋，按板块形状分为两批

图 X –20 左侧 LB1 的上部贯通纵筋排布示意

操作细节十六："多支座负筋"只适用于起始支座、终止支座跨度相同的情况

软件"钢筋形式"中的"多支座负筋"，只适用于起始支座和终止支座跨度相同的情况。当两端部支座跨度不同时，"多支座负筋"无法完成布筋，这时可使用"单支座负筋"完成布筋。

根据 LB1 上部贯通纵筋的排布情况，软件中的布筋方式如图 X –21 所示：

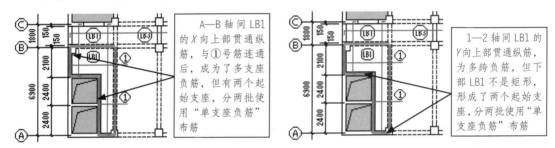

> A—B 轴间 LB1 的 X 向上部贯通纵筋，与①号筋连通后，成为了多支座负筋，但有两个起始支座，分两批使用"单支座负筋"布筋

> 1—2 轴间 LB1 的 Y 向上部贯通纵筋，为多跨负筋，但下部 LB1 不是矩形，形成了两个起始支座，分两批使用"单支座负筋"布筋

图 X –21 软件中 LB1 的上部贯通纵筋排布示意

图 10-23 为示例板上部贯通纵筋布置完成。

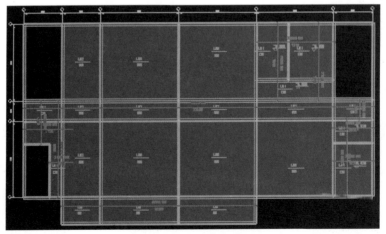

图 10-23 上部贯通纵筋布置完成

操作细节十七："单支座负筋"的"钢筋形式"可用于任何形式的板负筋布置

各种负筋，至少有一个边支座或中间支座，因此"单支座负筋"形式可完成各种负筋的布筋。

2）布置"支座上部非贯通纵筋"

（1）布置边支座的"单支座负筋"

以示例板中⑦号筋为例。

图 10-24A 点"楼板布置钢筋"按钮

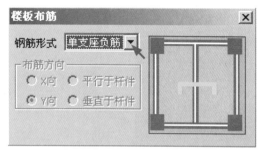

图 10-24B 点选"钢筋形式"中"单支座负筋"

点击"工具栏"中"楼板布置钢筋"按钮，图 10-24A，弹出"楼板布筋"窗口，点选"单支座负筋"钢筋形式，图 10-24B。

用小方框形光标点选⑦号筋所在的梁，图 10-24C，按右键确认，弹出"楼板钢筋属性"窗口，在其中输入各项参数，图 10-24D。

"L1"为"55"（即弯折段外皮至支座边缘的距离）；

"L2"中输入"1895"（即自支座中线伸出长度＋支座中线到弯折段外皮的距离）；

"L3"为"120"（为板厚 150- 上下保护层 30）；

"L4"为"150"（即 15d）。

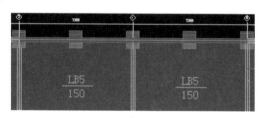

图 10-24C 点选⑦号筋所在的两根梁

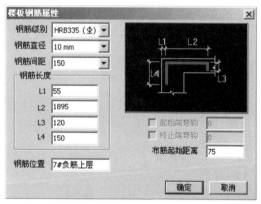

图 10-24D 输入各项参数

点"确定"按钮，⑦号筋加入所在梁，图 10-24E，注意：水平段长度显示的是"1895"，不是自支座中线的伸出长度"1800"，图 10-24F。

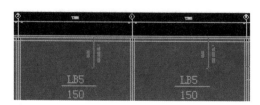

图 10-24E ⑦号筋加入

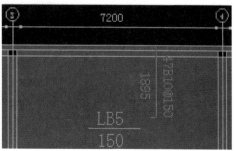

图 10-24F 显示的长度为水平段全长

（2）布置中间支座的"单支座负筋"

④号支座负筋位于中间支座，图10-25A，布置时使用"单支座负筋"，"楼板钢筋属性"中显示为"中间支座"，在其中输入参数（图10-25B）。布筋完成后如图10-25C所示。

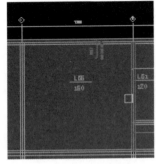
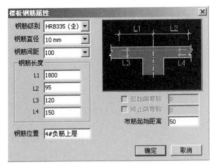
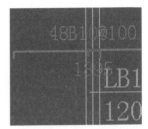

图10-25A ④号筋 　　图10-25B 注意其中输入的钢筋长度参数 　　图10-25C ④号筋完成

（3）布置"多支座负筋"

示例板中⑨号支座负筋使用软件中"多支座负筋"的钢筋形式，图10-26A，按操作提示操作。先选定起始支座，按右键确认；再选定终止支座，按右键确认，图10-26B。再选定平行方向的梁，按右键确认，输入参数如图10-26C所示，布筋后如图10-26D。

图10-26A ⑨号筋使用"多支座负筋" 　　　图10-26B 点选起、止梁及平行的构件

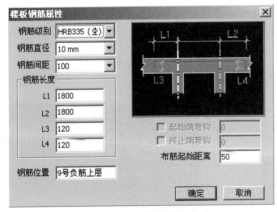
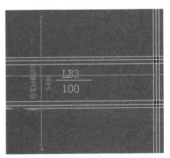

图10-26C ⑨号筋的参数 　　　图10-26D 图形中⑨号筋

同样操作，完成各支座负筋布置（包括 XB1 上部负筋），如图 10-26E 所示。

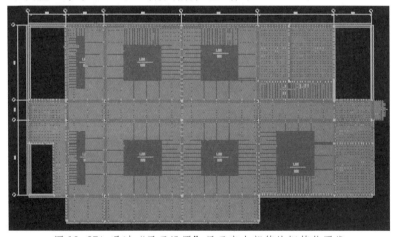

图 10-26E 示例板上部筋布置完成

3）布置"板分布筋"

通过"显示设置"命令显示出上部筋钢筋位置线，图 10-27A。

图 10-27A 通过"显示设置"显示出上部筋的钢筋位置线

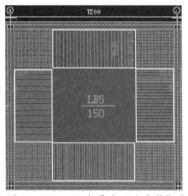

图 10-27B LB5 中需布"分布筋"位置

放大图形后，很容易发现哪一部位需布分布筋，如图 10-27B 中③—④轴 LB5 中 4 处白色框线部位，需布分布筋。

分布筋的布筋方法：分布筋分布于板跨中，与支座无关。而软件中，板跨配筋是按板两向跨度布置。图形中现有板块的两向板跨均不符合分布筋长度及分布范围，无法为其布筋。因此，需要单独为分布筋设置板块。

（1）为分布筋单独设置板块

可使用"手工绘板"命令，绘出布置分布筋的矩形板块，此板块布筋完成后可删除。

点击"板构件"菜单中"手工绘板"命令，图10-27C(或点击"手动绘制板"按钮，图10-27D)，图光标变成"十字形"，使用此光标，根据钢筋位置线，选择合适的交点或端点，绘出符合分布筋分布范围的矩形板块〔注：（1）必须是准确的矩形；（2）最后一条闭合线不用手绘，按鼠标右键，自动闭合〕，如图10-27E中新加入的"B466"板块。此板块与原LB5板块重叠，重叠部位为黑色显示。

提示：绘制时启用"捕捉"功能，以便光标对准钢筋位置线上定位所需的交点、端点、中点。捕捉到"端点"显示▣，"交点"显示✳，"线段中心点"显示△，"垂足"显示◈。

图10-27C"手工绘板"命令　图10-27D"手动绘制板"按钮　图10-27E　手工绘出的B466

（2）布置分布筋

使用"跨中负筋"的钢筋形式。

点击"楼板布筋"命令，在弹出的"楼板布筋"窗口选择"跨中负筋"，布筋方向选"X向"，图10-27F。按命令提示，点选"B466"，右键确认后，弹出"楼板钢筋属性"窗口，其中输入参数如图10-27G所示（L1、L2、L3、L4均为0，"布筋起始距离"可按分布筋间距"250"）。

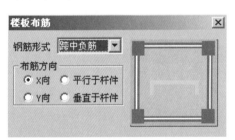

图10-27F　选"跨中负筋"X向

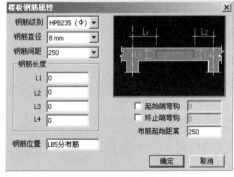

图10-27G　输入分布筋参数

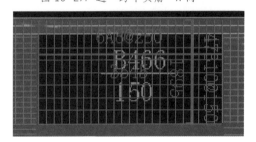

图10-27H　分布筋加入

B466中加入分布筋，图10-27H。

同样方式完成其他位置分布筋的布置。

注意：布筋完成并检查无误后，可将此板块删除。

所有钢筋布置完成后，如图 10-28A ～图 10-28C 所示。

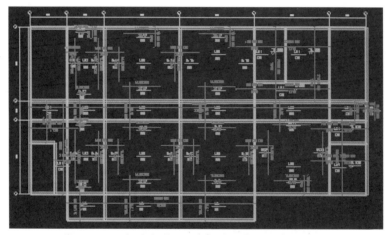

图 10-28A　板下部筋（图中板块信息设置为不显示）

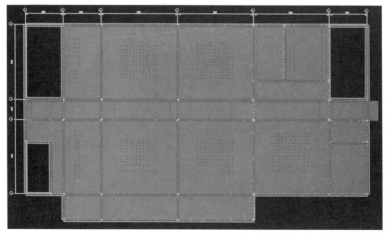

图 10-28B　板上部筋（图中板块信息设置为不显示）

图 10-28C　上、下部钢筋及钢筋位置线全部显示（已删除为分布筋所绘板块）

4）添加"后浇带"

板的"后浇带"涉及"搭接留筋钢筋构造"，工程中如采用此构造时，可由软件实现这种构造。为便于讲解，假设本示例③—④轴中间设一宽度为900、混凝土级别C30的后浇带。

（1）绘出后浇带

点击"其他构件"菜单中"后浇带参数"命令，图10-29A，弹出"后浇带参数"窗口，图10-29B，在其中输入后浇带宽度"900"及点选混凝土级别"C30"，点"确定"，后浇带参数编辑完成。

图10-29A "后浇带参数"命令

图10-29B "后浇带参数"窗口

建议使用"显示设置"命令取消所有钢筋的显示，以免干扰；使用"捕捉设置"命令开启"启用捕捉设置"，以便于后浇带画直。

点击"其他构件"菜单中"添加后浇带"命令，图10-29C，光标变成"十字形"，命令提示区显示"拾取后浇带第一个端点"，在③轴右侧点击选定所捕捉到的交点，图10-29D，命令提示区又显示出"拾取后浇带第二个端点"，并从第一个端点引出一条线到光标中心，移动光标笔直向下到第二个端点点击，图10-29E，则图形中加入后浇带，后浇带以所绘线为中心线按宽度显示，图10-29F，使用"参数化移动"命令"→"移3600，到所需准确位置，图10-29G。

添加后浇带后如图10-29H。添加完成后还可使用"编辑后浇带"命令重新编辑。

图10-29C "添加后浇带"命令

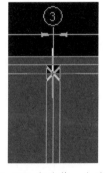
图10-29D 点选第一个端点

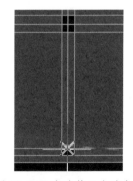
图10-29E 点选第二个端点

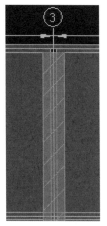 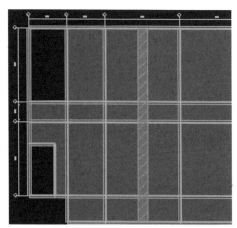

图 10-29F 后浇带加入　图 10-29G 移动到准确位置　　　　图 10-29H 加入的后浇带

（2）实现搭接留筋构造

搭接留筋构造，即钢筋在后浇带位置切断后按构造连接。软件中设有"自动切断钢筋"命令，专用于"后浇带"、"洞口"位置的上部筋、下部筋切断。

以板下部纵筋为例。

使用"显示设置"命令，只显示出"板下部筋"。

图 10-30A "自动切断钢筋"命令

点击"板布筋"菜单中"自动切断钢筋"命令，图 10-30A，光标变成小方框形，命令提示区提示"请选择需要切断的钢筋，以鼠标右键确认选择"，点选一个板块中的一组 (注：一次只能点选一组)X 向下部纵筋，按右键确认，图 10-30B，命令提示区提示"请选择切断钢筋的实体，以鼠标右键确认选择"，点选后浇带，按右键确认，图 10-30C，弹出"切断设置"窗口，图 10-30D。

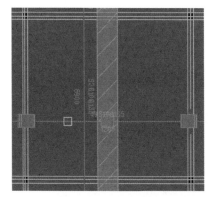 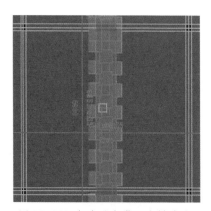

图 10-30B 点选一组下部筋，右键确认　　　　图 10-30C 点选后浇带，右键确认

149

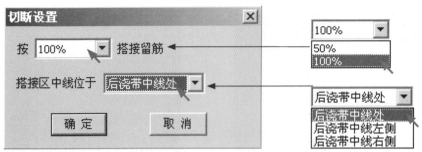

图 10-30D "切断设置"窗口

在窗口中"接头率"选"100%"，"搭接区中线位置"选"后浇带中线处"，点"确定"按钮，则钢筋按所选构造分为左右两批。图 10-30E。

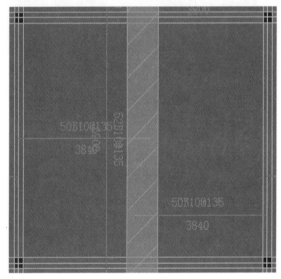

图 10-30E 钢筋按所设连接构造切断

同样操作，完成其他下部筋以及上部筋搭接留筋构造。完成后如图 10-30F。

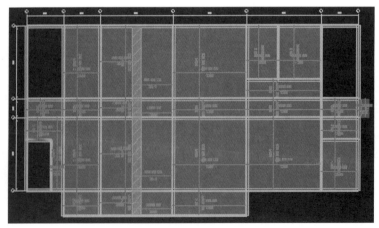

图 10-30F 完成全部搭接留筋构造

5）钢筋编号

对板图形中钢筋进行编号后，编号将显示在"钢筋配料单"中。

（1）单根钢筋编号

点击"板布筋"菜单中"钢筋编号"命令，图 10-31A，光标变成小方框形，点选图中某一钢筋，例如点选施工图中①号支座负筋，图 10-31B，则此筋加入"①"，图 10-31C。

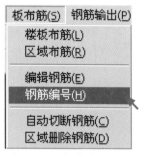

图 10-31A 钢筋编号命令

图 10-31B 点选钢筋

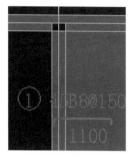

图 10-31C 编号加入

注：也可使用"钢筋编辑"命令为单根钢筋设置编号。

（2）自动钢筋编号

点击"工具栏"中"自动钢筋编号"按钮，图 10-32A，光标变成小方框形，框选全部钢筋或局部钢筋，右键确认后，图 10-32B，软件为选中的钢筋加入编号，同方向、同长度、同间距的钢筋，编号相同，图 10-32C。

图 10-32A 点"自动钢筋编号"按钮

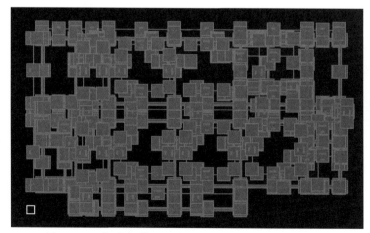

图 10-32B 框选钢筋，右键确认（可框选一部分）

图 10-32C 钢筋加入编号

4. 第四步：划分施工段，输出钢筋

实际工程中，板中钢筋可能需要根据结构设计或施工进度分成几部分先后施工，因此，在软件中可将钢筋按区域划分为几部分，每一区域即是一个"施工段"。

1）添加"施工段"

此步添加的只是"施工段"的标志线，软件中的钢筋还未按此标志线分出区域。下步划分施工段时，软件将自动根据此标志线位置划分出施工段。如果此步不添加，下步手动划分出同样的钢筋输出区域也可。

假设本示例⑤轴为施工组织设计划分的施工段位置。

点击"其他构件"菜单中"添加施工段"命令，图 10-33A(或点击"工具栏"中"添加施工段"按钮，图 10-33B)，光标变成"十字形"，命令提示区显示"拾取施工段第一个端点"，点击⑤轴轴线交点，命令提示区又显示出"拾取施工段第二个端点"，并从第一个端点引出一条线到光标中心，移动光标笔直向下到第二个端点点击，图形中加入绿色显示的施工段的标志线，图 10-33C、图 10-33D。

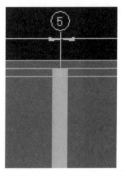

图 10-33A "添加施工段"命令　　图 10-33B "添加施工段"按钮　　图 10-33C 加入的施工段标志线

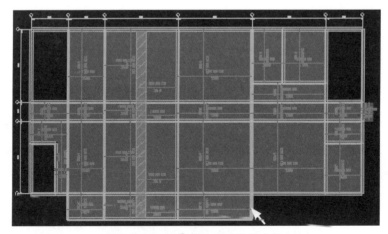

图 10-33D 沿⑤轴的施工段标志线

2）输出钢筋

操作有四步：（1）划分施工段；（2）选择施工段；（3）输出钢筋至表单；（4）生成钢筋配料单。

提示：板图形中的钢筋，只有在划分施工段后，才能输出至表单。

（1）划分施工段

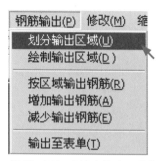

点"钢筋输出"菜单中"划分输出区域"命令，图10-34A，软件根据添加的施工段标志线和后浇带位置，将图形自动划分为3部分，每一部分由粉色框线框住，形成了3个施工段，图10-34B，每一部分图形中间加入"施工段1"、"施工段2"、"施工段3"的名称。图10-34C、图10-34D。

注意：点选"划分输出区域"命令后，软件即自动完成划分，不再有后续操作。

图10-34A "划分输出区域"命令

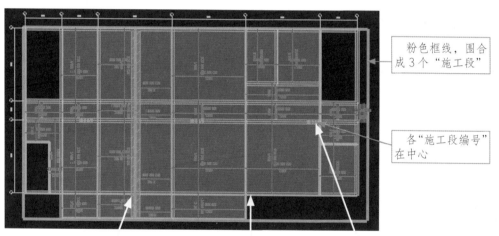

图10-34P 粉色框线将钢筋划分为3个施工段

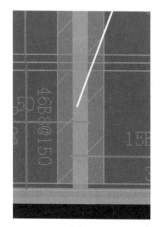

图10-34C 两施工段框线重合部位

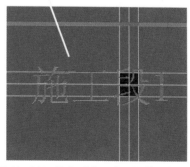

图10-34D 放大"施工段1"编号位置

（2）选择所需输出的施工段

使用"显示设置"将所有钢筋显示出来，注意不宜显示出位置线。

点"钢筋输出"菜单中"按区域输出钢筋"命令，光标变成小方框形，图10-35A，放大图形用此光标点击"施工段1"的名称，或点击"施工段1"的粉色框线（线内侧，线变红表示选中），右键确认，图10-35B。则所输出钢筋变成白色显示，图10-35C。

图10-35A "按区域输出钢筋"命令

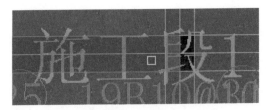

图10-35B 点击"施工段1"编号

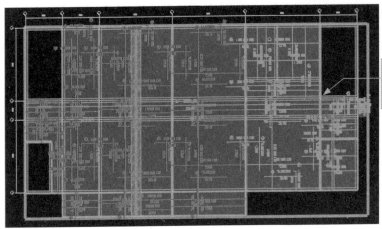

钢筋变成白色显示，表示钢筋"已输出"

图10-35C 施工段1输出的钢筋变成白色显示

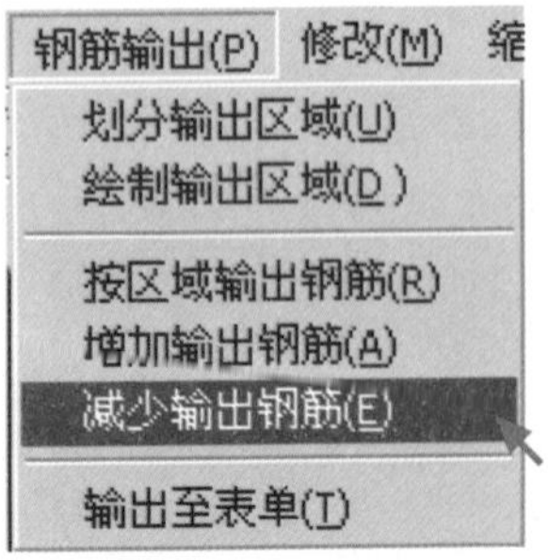

相关操作之一：减少输出钢筋

点选"钢筋输出"菜单中"减少输出钢筋"命令，图10-36A，光标变成"小方框形"，点选不在本施工段中输出的钢筋，按右键确认，则白色钢筋变回黄色显示，表示此根钢筋不输出。

图10-36A "减少输出钢筋"命令

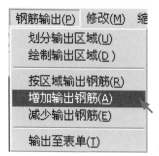

图 10-36B　"增加输出钢筋"命令

相关操作之二：增加输出钢筋

点选"钢筋输出"菜单中"增加输出钢筋"命令，图 10-36B，光标变成"小方框形"，点选其他施工段中的所需钢筋，按右键确认，则黄色钢筋变成白色显示，表示此根钢筋输出。

提示：（1）输出"施工段 1"后，如想只输出"施工段 2"钢筋，则使用"减少输出钢筋"命令，框选"施工段 1"中全部钢筋，使其"全部都减少"，然后点选"施工段 2"输出钢筋。

（2）如果想将全部钢筋同时输出，可使用"绘制输出区域"命令，将全部图形框起，然后输出。

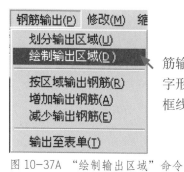

图 10-37A　"绘制输出区域"命令

相关操作之三：绘制输出区域

如需自行选取某部分钢筋输出，或将全部钢筋输出，则点选"钢筋输出"菜单中"绘制输出区域"命令，图 10-37A，光标变成"十字形"，分别拾取所需部分图形或全部图形的各点，形成一个闭合框线，则形成一个施工段，如图 10-37B。

注意：最后一条闭合线不用绘制，按右键自动与起点闭合。

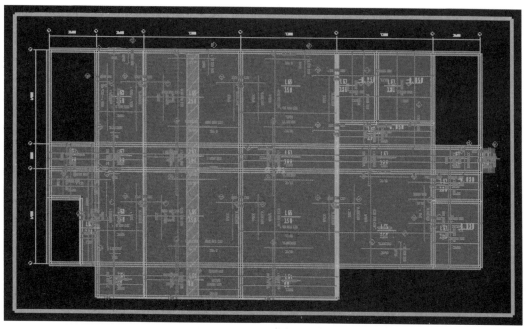

图 10-37B　自行绘制的全部"输出区域"

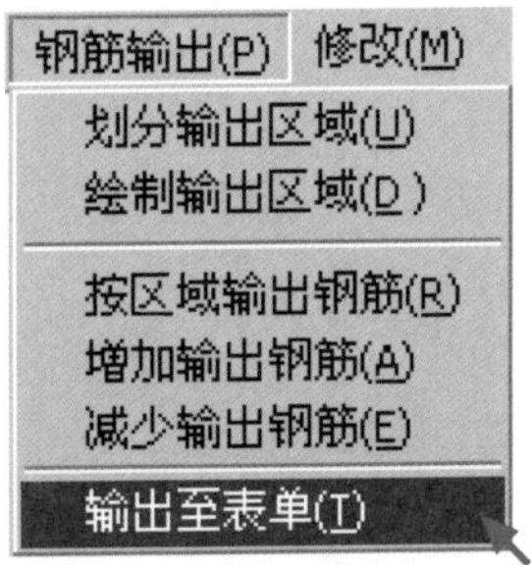

（3）输出钢筋至表单

点"钢筋输出"菜单中"输出至表单"命令，图 10-38，则施工段 1 的全部钢筋输出至表单。

钢筋输出(P)	修改(M)
划分输出区域(U)	
绘制输出区域(D)	
按区域输出钢筋(R)	
增加输出钢筋(A)	
减少输出钢筋(E)	
输出至表单(T)	

图 10-38 "输出至表单"命令

（4）生成钢筋配料单

点"保存"按钮，之后点屏幕右上角"×"按钮，退出绘图页面，回到"板信息"页面，点"生成钢筋配料单"按钮，图 10-39A，页面右下方显示"钢筋配料单已生成！"，图 10-39B。

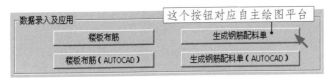

图 10-39A 点"生成钢筋配料单"命令

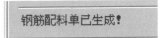

图 10-39B 右下方显示料单生成信息

点"钢筋配料单"选项卡，查看钢筋，图 10-39C。

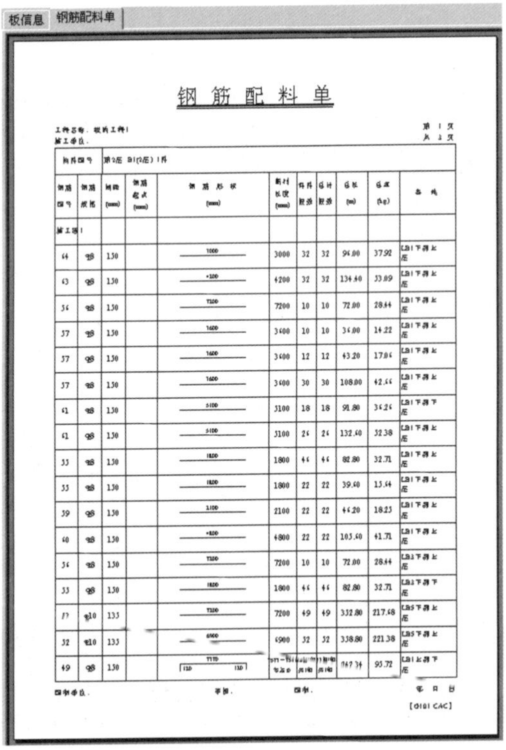

图 10-39C 钢筋配料单

5．第五步：编辑配料单中的钢筋

板钢筋配料单显示的配筋信息，与其他构件配料单中的配筋信息不同之处，有两点，如图 10-40。

第一点：表示钢筋位置的"钢筋起点"信息未标注，有必要标注位置的，需自行标注；

第二点："超过钢筋定尺长度的钢筋"软件未自动按连接构造生成，需使用配料单中的"钢筋编辑"命令，按连接构造编辑。

构件编号	第2层 B1(2层) 1件									
钢筋编号	钢筋规格	间距(mm)	钢筋起点(mm)	钢筋形状(mm)	断料长度(mm)	每件根数	总计根数	总长(m)	总重(kg)	备注
48	Φ8	150		7090 / 120 120	7293	27	27	196.91	77.78	LB1上部上层
47	Φ8	150		7090 / 120 120	7293	19	19	138.57	54.73	LB1上部下层
42	Φ8	150		32650 / 120 120	32853	10	10	328.53	129.77	LB1上部下层

图 10-40 钢筋配料单中显示的钢筋（其中钢筋编号为软件"自动编号"命令所加）

软件中的钢筋配料单，本身即为一个"钢筋表单编辑"页面，每一根钢筋，均可通过"表单编辑"功能输入新信息或修改原信息，图 10-41。

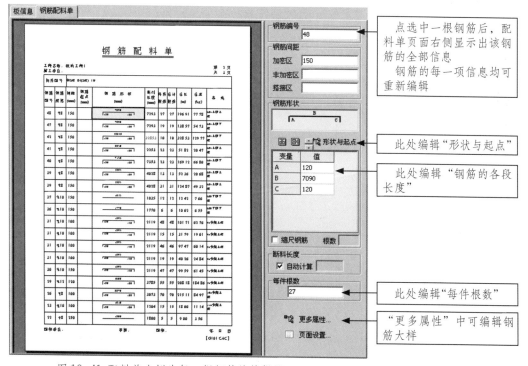

图 10-41 配料单右侧为每一根钢筋的编辑器

1）编辑"钢筋起点"位置

以本配料单中 29 号支座上部纵筋为例，图 10-42，为施工图中③号支座上部纵筋，其自支座中心线伸入板中 1800。配料单中未标注其"钢筋起点"，现为其标注。

钢筋编号	钢筋规格	间距 (mm)	钢筋起点 (mm)	钢 筋 形 状 (mm)	断料长度 (mm)	每件根数	总计根数	总长 (m)	总重 (kg)	备 注
29	⌀12	120		3600 120 120	3785	55	55	208.18	184.86	3#负筋上层

图 10-42 以编号为 29 的③号负筋为例

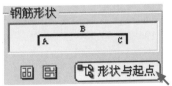

点选 29 号钢筋行，右侧"钢筋编辑"区显示为可用状态，点击"形状与起点"按钮，图 10-43A，弹出其窗口，点选"钢筋起点"选项卡，在其页面中点选所需支座标注形式，输入参数，图 10-43B（图 10-43C 为放大显示的所选支座标注），"图例预览"窗口显示出预览图。

图 10-43A 点"形状与起点"按钮

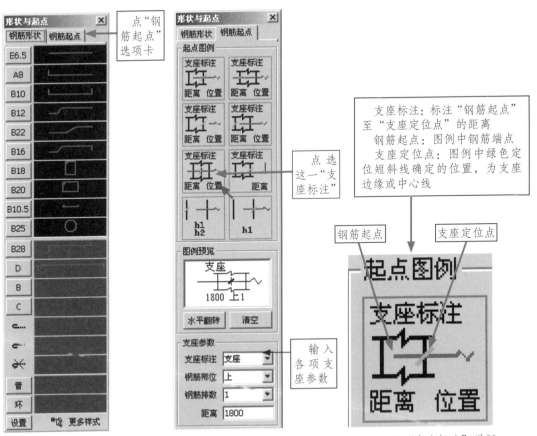

图 10-43B 在"钢筋起点"页面选择支座标注形式及输入参数

图 10-43C "支座标注"说明

点选支座标注图例及输入参数的同时，29 号钢筋行的"钢筋起点"格加入支座标注图例，图 10-43D。29 号配筋的"钢筋起点"标注完成。

钢筋编号	钢筋规格	间距(mm)	钢筋起点(mm)	钢筋形状(mm)	断料长度(mm)
29	Φ12	120	支座 ⊥1 1800	3600 120　　120	3785

图 10-43D　"钢筋起点"格加入图例

2）编辑"需连接的钢筋"

"钢筋配料单"中设置有"钢筋编辑"功能，可将"超过定尺长度的钢筋"按连接构造进行编辑。

"超过定尺长度的钢筋"，其"断料长度"在配料单中以红色字显示，用以提醒此筋超长。如图 10-44 中 42 号钢筋，此钢筋为 LB1、LB3 的上部贯通纵筋（注：本示例中的此筋没有在后浇带位置按搭接留筋构造进行切断）。

钢筋编号	钢筋规格	间距(mm)	钢筋起点(mm)	钢筋形状(mm)	断料长度(mm)	每件根数	总计根数	总长(m)	总重(kg)	备注
42	Φ8	150		32650 120　　120	32853	10	10	328.53	129.77	LB1上部下层

图 10-44　配料单中的"超过钢筋定尺长度的钢筋"（断料长度以红色字显示）

此筋在软件中的编辑步骤为：

第 1 步：先按接头率为此筋设定批次，由此确定每一批次的钢筋根数；

第 2 步：将此筋复制为相应批次的钢筋，并在配料单中修改每一批次钢筋的根数；

第 3 步：使用右键菜单中"钢筋编辑"命令，按连接构造编辑每一批次的钢筋。

具体操作过程：

第 1 步：设定接头率，确定批次，确定每一批次钢筋的根数。

本钢筋，按 50% 接头率，分为两批，每批各 5 根。

第 2 步：按批次复制此筋，并修改每一批次钢筋根数。

在配料单中插入一空行，然后将本行钢筋"复制"后"粘贴"到空行中，之后修改每批钢筋根数。操作为：

首先，插入空行。

在配料单点鼠标右键，弹出右键菜单，点击其中"插入"命令的子命令"插入钢筋行"，配料单中增加一行，图 10-45A。

插入 ▶	📋 插入钢筋行　Insert

42	⊈8	150	32650　⌐120　　　120⌐	32853	10	10	328.53	129.77	LB1上部下层

图 10-45A 插入钢筋空行

接下来，复制原行，粘贴到空行。

复制原行时，需将原行各单元格均选中，操作方法：从最左侧"钢筋编号"格，按住鼠标左键向右拉动至最后一格"备注"格，则所有格底色变蓝，表示被选中，图 10-45B。

42	⊈8	150	32650　⌐120　　　120⌐	32853	10	10	328.53	129.77	LB1上部下层

图 10-45B 将需复制行各个单元格选中

在原行点右键菜单中"复制"命令，原行被复制，图 10-45C。

42	⊈8	150	32650　⌐120　　　120⌐	32853	10

📋 复制　Ctrl+C
📋 粘贴　Ctrl+V

图 10-45C 在原行点右键菜单中"复制"命令

在空行任意单元格点右键菜单中"粘贴"命令，原行复制过来。图 10-45D。

42	⊈8	150	32650　⌐120　　　120⌐	32853	10
42	⊈8	150	32650　⌐120　　　120⌐	32853	10

📋 粘贴　Ctrl+V

图 10-45D 在空行点右键菜单中"粘贴"命令

再下来，修改各批钢筋的"每件根数"。

分别选中这两行"每件根数"单元格，在页面右侧钢筋编辑区"每件根数"中输入"5"，每行钢筋变为"5"根，图10-45E、图10-45F。

图10-45E 在钢筋编辑区的"每件根数"中修改根数

| 42 | ⏛8 | 150 | | 32650 120 120 | 32853 | 5 | 5 | 164.27 | 64.88 | LB1上部下层 |
| 42 | ⏛8 | 150 | | 32650 120 120 | 32853 | 5 | 5 | 164.27 | 64.88 | LB1上部下层 |

图10-45F 每批次钢筋根数改变

第3步：使用右键菜单"钢筋编辑"命令，按连接构造编辑每一批次的钢筋。

按50%接头率、绑扎搭接，本钢筋两个批次，其连接构造中"连接点位置及其间距"如图Ⅹ-22所示。

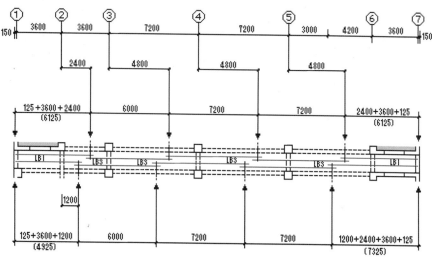

图Ⅹ-22 示例板LB1、LB3上部贯通纵筋绑扎连接构造(50%接头率、接头中心位于板跨中1/3)

在软件右键菜单中的"组合钢筋编辑"窗口中可设定"绑扎搭接长度"、输入"连接点间距"，软件即计算出每一段钢筋的下料长度。

首先，打开“组合钢筋编辑”窗口。

在本钢筋的其中一行，点鼠标右键，在弹出的右键菜单中点选“编辑组合钢筋”命令，图 10-46A，弹出“组合钢筋编辑”窗口，图 10-46B。

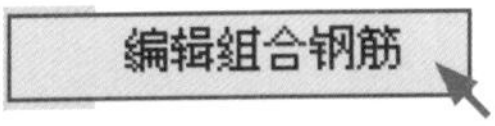

编辑组合钢筋

图 10-46A 点右键菜单中“编辑组合钢筋”命令

组合钢筋编辑
钢筋根数 5
组合钢筋分段数 3
长度自动调节段 第3段
组合段号 | 钢筋大样 | 左端 连接方式 | 长度(留量) | 右端 连接方式 | 长度(留量) | 断料长度 | 连接点间距
1 | 非连接端 | | 直螺纹套筒 | 0 | 12000 | 11898
2 | 直螺纹套筒 | 0 | 直螺纹套筒 | 0 | 12000 | 12000
3 | 直螺纹套筒 | 0 | 非连接端 | | 8854 | 8752
联动修改
计算连接长度
S= 32650
11898
12000
8752
Lz= 120
Ly= 120
第1段
第2段
第3段
非连接端
直螺纹套筒
0
直螺纹套筒
0
非连接端
确定
取消

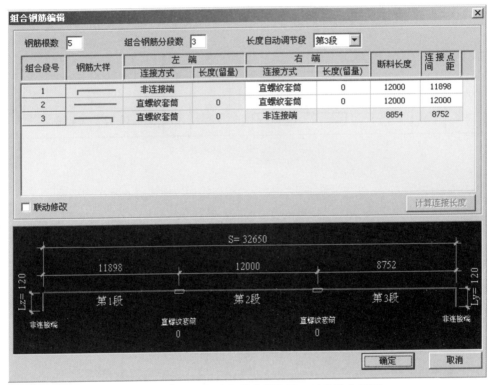

图 10-46B 打开“组合钢筋编辑”窗口时的默认页面

其次，输入组合钢筋分段数。

按本示例钢筋段数划分，在“组合钢筋分段数”格输入“5”，输入后，下方表格显示出5 个组合段号，下方图像区也同时显示为 5 段钢筋，图 10-46C。

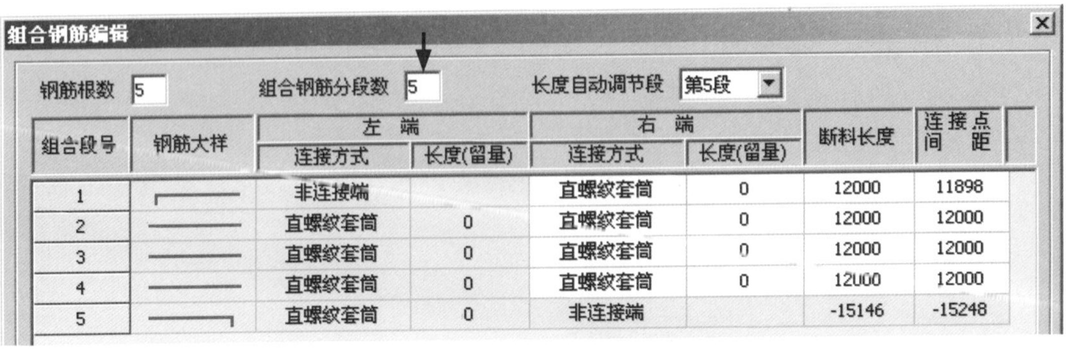

组合钢筋编辑
钢筋根数 5
组合钢筋分段数 5
长度自动调节段 第5段
组合段号 | 钢筋大样 | 左端 连接方式 | 长度(留量) | 右端 连接方式 | 长度(留量) | 断料长度 | 连接点间距
1 | 非连接端 | | 直螺纹套筒 | 0 | 12000 | 11898
2 | 直螺纹套筒 | 0 | 直螺纹套筒 | 0 | 12000 | 12000
3 | 直螺纹套筒 | 0 | 直螺纹套筒 | 0 | 12000 | 12000
4 | 直螺纹套筒 | 0 | 直螺纹套筒 | 0 | 12000 | 12000
5 | 直螺纹套筒 | 0 | 非连接端 | | -15146 | -15248

图 10-46C 输入“组合钢筋分段数”

接下来，设定连接方式、输入"长度 (留量)"值 (即"接头长度")。

根据本钢筋构造方式，软件自动将"右端"的"连接方式"和"长度（留量）"设为可输入状态。

点选"右端"各组合段号的"连接方式"，在其中选取"绑扎搭接"方式，图 10-46D。

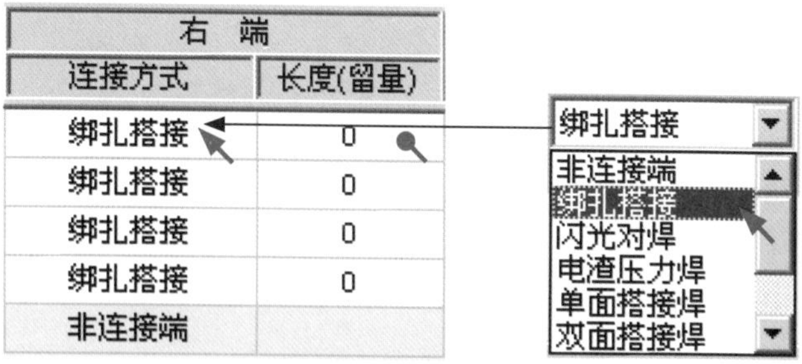

右　端	
连接方式	长度(留量)
绑扎搭接	0
绑扎搭接	0
绑扎搭接	0
绑扎搭接	0
非连接端	

绑扎搭接 ▼
非连接端
绑扎搭接
闪光对焊
电渣压力焊
单面搭接焊
双面搭接焊

图 10-46D 点选"连接方式"

将光标点入右侧的"长度（留量）"单元格，表格下方"计算连接长度"按钮名称变黑色，变为可用状态，图 10-46E。

计算连接长度

图 10-46E "计算连接长度"按钮变为可用状态

点击此按钮，弹出"连接长度计算"窗口，点选所需参数，图 10-46F，之后点上方的"计算"按钮，显示出"连接长度"值，点"确定"按钮，此窗口关闭，回到"组合钢筋编辑"窗口，"长度 (留量)"中加入"连接长度值"。

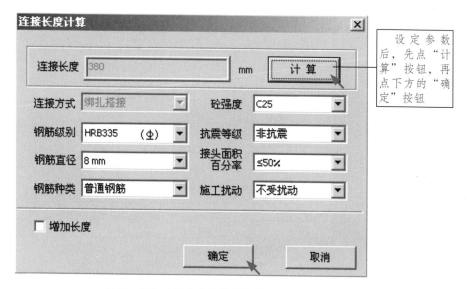

图 10-46F "连接长度计算"窗口

再下来，输入"连接点间距"。

在"组合钢筋编辑"窗口，将图 X –22 所示连接构造中的连接点间距，输入表格中的"连接点间距"格中，最后一段不用输入，由软件自动计算完成，输入后如图 10–46G 所示。输入时，各段钢筋的"断料长度"由软件自动计算完成。

注：如考虑钢筋断料长度优化，可自行计算后在"断料长度"格中输入数值。

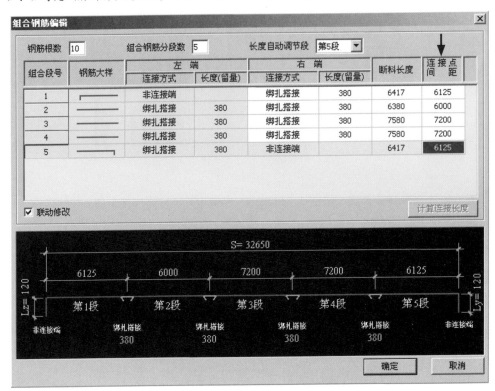

图 10–46G 输入连接点间距

点"确定"按钮，"钢筋配料单"中显示出此筋各段下料长度，各段编号格式为"原编号.序号"，同时原钢筋行变成灰色，表示此筋已按连接构造分段完成，图 10–46H。

42	⏛8	150	32650 120 ⌐...⌐ 120	(32853)	5	5	164.27	64.88	LB1上部下层 42=4 2.1+42.2 +2×42.
42.1	⏛8	150	6315 120⌐ 绑380	6417	10	10	64.17	25.35	
42.2	⏛8	150	380绑 6380 绑380	6380	5	5	31.90	12.60	
42.3	⏛8	150	380绑 7580 绑380	7580	10	10	75.80	29.94	

图 10–46H 配料单中钢筋分段完成

同样操作，完成所有需连接钢筋的编辑。

本章附录

1.布置洞口

布置洞口，宜在板图形绘制完成后进行。设定本示例板下图位置有一洞口，图 X –23。

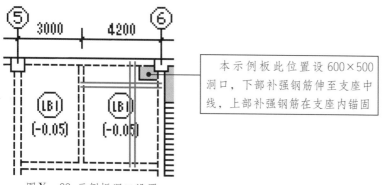

图 X –23 示例板洞口设置

操作顺序为：先使用"洞口参数"命令设置"洞口"及"补强钢筋"参数，然后使用"添加洞口"命令在板图形中添加洞口。

1）设置洞口及补强钢筋参数

点击"其他构件"菜单中"洞口参数"命令，附图 10-1A（或点击"工具栏"中"洞口参数"按钮，附图 10-1B），弹出"楼板开洞"窗口，在其中输入参数，点"确定"按钮，附图 10-1C。

附图 10-1A"洞口参数"命令

附图 10-1B"洞口参数"按钮

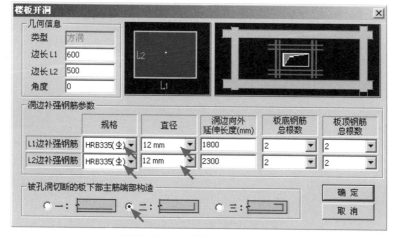

附图 10-1C　"楼板开洞"窗口

窗口中含三部分参数:

（1）几何信息

包括"类型、边长 L1、边长 L2、角度"，其中"角度"是指按逆时针方向旋转的角度。

（2）洞边补强钢筋参数

"洞边向外延伸长度"：软件设定的是补强钢筋自"洞口"的一边向外延伸长度，按此设定，当补强钢筋伸入到两端支座中心线，即其长度为轴线跨长时，轴线跨长＝2×洞边向外延伸长度＋同向洞口边长"，则此处"洞边向外延伸长度"应为"（轴线跨长－同向洞边长）÷2"。

"板底钢筋总根数、板顶钢筋总根数"：是指洞口的两边板底、板顶补强钢筋总根数。洞口布置于板图形中后，"总根数"将会被平均分在洞口的两边。

本示例钢筋直径按标准构造取 12mm。

本示例补强钢筋伸入支座中线，则"L1 边"输入"1800"，"L2 边"输入"2300"。本示例洞口的两边挨着支座，只有两个边有补强钢筋，各边底、顶总根数均为"2"。

（3）被洞口切断的板下部主筋端部构造

本示例板的上、下部均设置了贯通筋，应选构造"二"。

2）添加洞口

点击"其他构件"菜单中"添加洞口"命令，附图 10-2A（或点击"工具栏"中"添加洞口"按钮，附图 10-2B），弹出"定位"窗口，附图 10-2C。

"定位"窗口中有两项参数："定位点距中心点 X 方向距离、定位点距中心点 Y 方向距离"。"定位点"即是下步操作时鼠标在图形中选定的那点，"中心点"即是洞口图形的中心点。本示例所选定位点如附图 10-2D 所示，相应地，"定位点距中心点 X 方向距离"为"-300"，"定位点距中心点 Y 方向距离"为"-250"。点"确定"按钮，定位窗口关闭。回到绘图页面，光标变成"十字形"。

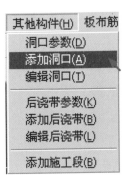

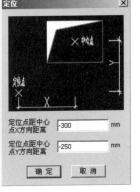
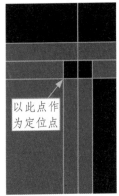

附图 10-2A 添加洞口命令 附图 10-2B 添加洞口按钮 附图 10-2C "定位"窗口 附图 10-2D 所设定位点

用"十字形"光标在图形中点选附图 10-2D 中所示点，附图 10-2E，洞口及补强钢筋加入，附图 10-2F。

使用"移动"命令，移动补强钢筋到合适位置，附图 10-2G，接着使用"编辑钢筋"命令，编辑"上部补强钢筋"在支座内的锚固构造。洞口及补强钢筋添加完成。

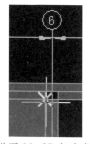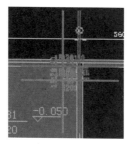

附图 10-2E 点选定位点　　附图 10-2F 洞口及补强筋加入　　附图 10-2G 移动钢筋并编辑上部补强钢筋

3）按构造切断洞口边钢筋

当洞口所在板块的下部、上部贯通纵筋布置之后，根据构造要求，洞口边的板配筋端部需按构造切断。本洞口边板筋的切断构造，已在设置洞口参数时设定，只需再进行钢筋切断操作即可。

以 X 向板下部纵筋切断为例，先使用"显示设置"命令，只显示出"板下部筋"。

附图 10-3A"自动切断钢筋"命令

点击"板布筋"菜单中"自动切断钢筋"命令，附图 10-3A，光标变成小方框形，命令提示区提示"请选择需要切断的钢筋，以鼠标右键确认选择"，点选（一次只能点选一组）X 向下部纵筋，按右键确认，附图 10-3B，命令提示区提示"请选择切断钢筋的实体，以鼠标右键确认选择"，点选"洞口"，按右键确认，附图 10-3C，则洞口边 X 向下部筋按"构造二"设置切断，分为两批，附图 10-3D。

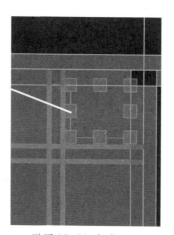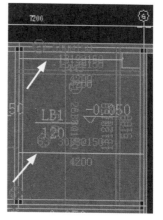

附图 10-3B 点选需切断钢筋　　附图 10-3C 点选洞口　　附图 10-3D 钢筋被切断为两批

同样操作，完成 Y 向下部筋及上部筋的切断操作。

2. 特殊板图形的绘制

1）局部悬挑板

当悬挑板位于一根梁的局部时，例如住宅的空调板往往只占支座的一小段。这种情况下，绘制一段"短支座"与所在"长支座"重叠，选择这根"短支座"作为端部支座布置悬挑板即可。

具体操作，可先使用"参数化复制"命令，按局部悬挑板定位尺寸复制一根相邻的垂直轴线，然后使用"两点建梁"命令绘制"短支座"，之后布置悬挑板，附图 10-4A～附图 10-4C。

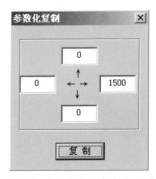
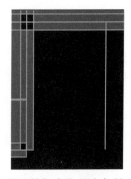

附图 10-4A　使用"参数化复制"命令，按局部悬挑板定位尺寸复制一根轴线

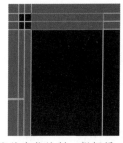

附图 10-4B　使用"两点建梁"命令，按复制的轴线的定位绘制一根短梁，与原长梁重叠

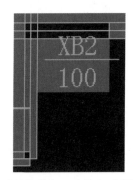

附图 10-4C　在短支座上布置悬挑板，并对其进行"板编辑"，布筋之后删除复制的轴线

注意：

（1）此种悬挑板最好是在其他板筋布置完成并检查无误后再绘制。

（2）如果板块内上部筋延伸至悬挑板端部，则需将长支座分为两段，然后使用"单支座负筋"分别布置两段支座的上部筋。

2）梯形板

梯形有"上底、下底、两腰"。绘制梯形板时，板图形中已经含有某一底边，只需绘制"另一底边"。

绘图步骤：使用"参数化复制"命令复制与已有底边正交的左右两根轴线，准确地定位出另一底边的两端位置，然后按轴线距离"参数化复制"已有底边所在轴线，绘出另一底边，之后根据所绘轴线交点，使用"单根轴线"命令绘制出两腰，形成梯形板的准确形状，之后再布梁、布板、布筋。在"钢筋编辑"窗口中使用"缩尺钢筋"来完成梯形板的等差变短钢筋的翻样（附图10-5）。

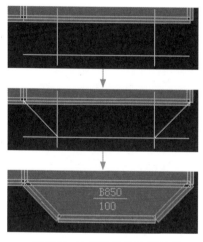

"参数化复制"有关轴线至梯形"底"边定位位置。

两腰使用"单根轴线"绘制。

可使用"区域生板"或"手工绘板"布梁、布板，使用"缩尺钢筋"布筋。

附图10-5 梯形板的绘制过程

3. 使用"复制"功能，将"本楼层板"复制到"板所在标准层的其他楼层"

所绘制的板中钢筋，检查无误后，还需在"钢筋配料单"加入某些说明，加入板图形中未能布置的钢筋。板全部钢筋翻样正确无误后，在"工程管理区"使用"复制"功能，将"本楼层板"复制到"板所在标准层的其他楼层"。

4. 弧形板等特殊形状板块布筋，需自行处理

CAC自主绘图平台，目前尚不能绘制弧形、扇形等形状的板块，当楼盖板中某部位含有这种形状的板块时，在楼盖板中可不绘制其板块，与其相关的配筋不在板图形中布置，可在"钢筋配料单"中使用"钢筋编辑"等功能完成其配筋的翻样。

小　结

实际工程中，板图形千差万别，软件不可能穷尽板的所有样式，因此遇到特殊情况，需要我们多加考虑，灵活采用软件中现有功能完成板的布筋。

第十一章　楼梯钢筋翻样

（完成本章学习，约40分钟）

平法图集中，板式楼梯按梯板的截面形状和支座位置，分为11种类型，分别为AT、BT、CT、DT、ET、FT、GT、HT、ATa、ATb、ATc。软件"楼梯"构件中，相应设有这11种类型。

使用软件对楼梯进行钢筋翻样时，只需在软件中对应选择出施工图中的楼梯类型，输入各项参数，即可迅速完成钢筋翻样。楼梯的"平台板"和"梯梁"，可随之一同进行钢筋翻样。

一、明确楼梯"踏步数"与"踏步级数"的概念

踏步数：平法图集中"踏步数m"，是指楼梯结构中"踏步段"上的踏步数量。"踏步段"位于"梯梁"或"平板"之间，其上的"踏步数"不包括"梯梁"或"平板"位置的那一级踏步，因此，踏步段水平长=踏步宽 × 踏步数。

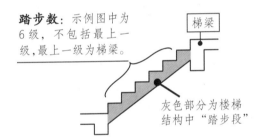

踏步数：示例图中为6级，不包括最上一级，最上一级为梯梁。

灰色部分为楼梯结构中"踏步段"

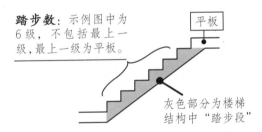

踏步数：示例图中为6级，不包括最上一级，最上一级为平板。

灰色部分为楼梯结构中"踏步段"

踏步级数：平法图集中"踏步级数"$m+1$，是指每一跑楼梯的全部踏步数量，包括"梯梁"或"平板"位置的那一级踏步，因此，踏步级数=踏步段的踏步数$m+1$，踏步段总高度=踏步高度 × 踏步级数。

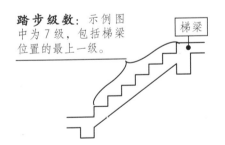

踏步级数：示例图中为7级，包括梯梁位置的最上一级。

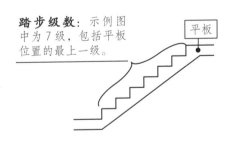

踏步级数：示例图中为7级，包括平板位置的最上一级。

楼梯平面布置图的集中标注参数中，经常出现"2600(15步均分)"的表示方法，此处的"15步"即为"踏步级数"，相应地，梯段的"踏步数"为"14"。

二、软件中楼梯钢筋翻样过程

第一步：添加楼梯；

第二步：输入楼梯总信息；

第三步：输入梯板、平台板、梯梁参数；

第四步：设置楼梯钢筋构造细节的有关参数（包括：踏步高度、锚固长度、梯板及支座混凝土强度、保护层厚度，横纵向钢筋设置等有关参数）；

第五步：点击"钢筋计算"按钮，完成钢筋翻样。

三、【实例】楼梯钢筋翻样

以下"地下一层楼梯"来自某工程平法施工图（图XI－1）。

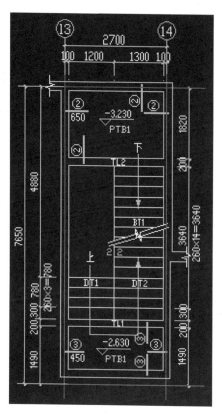
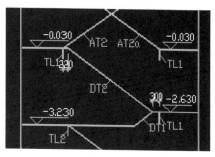

剖面图

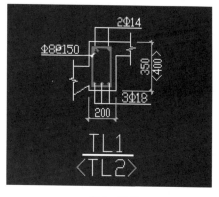

TL1、TL2

图XI－1　地下一层楼梯平面图及剖面图

表XI－1　梯板几何尺寸和配筋表

梯板编号	踏步段总高度/踏步级数	板厚 h	上部纵向钢筋	下部纵向钢筋	分布筋
DT1	600（4 步均分）	140	Φ12@200	Φ12@140	Φ8@200
DT2	2600（15 步均分）	160	Φ12@200	Φ14@140	Φ8@200

PTB1　h = 100　B: X&YΦ8@200。②号筋 Φ8@200；③号筋 Φ8@200

图 11-1 添加 "LT1"

1. 第一步：添加楼梯

在"工程管理区"的"第 -1 层"添加"LT1"，图 11-1。

添加操作过程与添加其他构件一样，这里不再讲解。

完成后，点击"LT1"进入"楼梯数据"页面，图 11-2。

"楼梯数据"页面有 7 个选项卡，分别为：楼梯总信息、梯板 1、梯梁 1、平台板 1、梯板 2、梯梁 2、平台板 2。

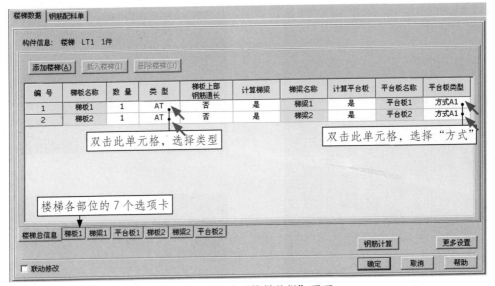

图 11-2 LT1 的"楼梯数据"页面

2. 第二步：输入楼梯总信息

在"楼梯总信息"选项卡页面，输入梯板数量、类型及是否计算"梯梁、平台板"。

梯板名称：本示例的两个梯板，下段梯板名称"梯板 1"、上段梯板名称"梯板 2"均为软件默认，且不可修改。

注：如含 3 个以上梯板时，且梯板截面不同，可点击"添加楼梯"按钮，增加梯板。

数量：均为"1"。

类型：梯板 1、梯板 2 均为"DT"。

选择"类型"的操作为：双击"梯板 1"的"类型"单元格，弹出"楼梯类型选择"窗口，图 11-3，其中含有两个选项卡，分别为"AT-ET 型单跑楼梯"、"FT-LT 型双跑楼梯"。

注：其中 ET 类型，根据上、下部纵筋在踏步段和中位平板中的锚固方式，设置了 4 种。

点"DT"示意图，点"确定"按钮，"梯板 1"类型改为"DT"。同样操作，将"梯板 2"类型改为"DT"。

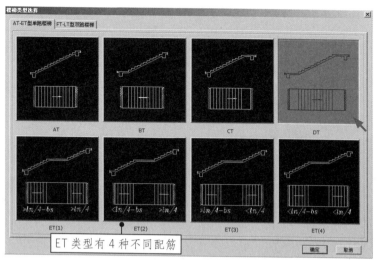

图 11-3　"楼梯类型选择"窗口

梯板上部钢筋通长：本示例上部钢筋不通长布置，选"否"。

计算梯梁：选"是"。

计算平台板：选"是"。

平台板类型：双击"平台板类型"单元格，弹出"平台板类型选择"窗口，其中含有两个选项卡，为"A-A平台板"、"B-B平台板"，两种平台板均设有8种布筋方式。

本示例两个梯板的布筋，均为"A-A平台板"中的"方式A5"，图11-4。点击"方式A5"，点"确定"按钮，"平台板类型"单元格中改为"方式A5"。

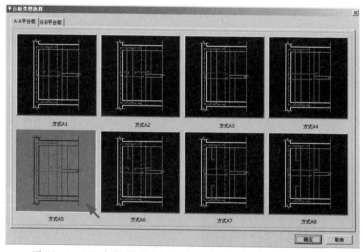

图 11-4　"平台板类型选择"窗口中"A-A平台板"选项卡

输入完成后的楼梯总信息如图 11-5 所示。

编 号	梯板名称	数 量	类 型	梯板上部钢筋通长	计算梯梁	梯梁名称	计算平台板	平台板名称	平台板类型
1	梯板1	1	DT	否	是	梯梁1	是	平台板1	方式A5
2	梯板2	1	DT	否	是	梯梁2	是	平台板2	方式A5

图 11-5　"楼梯总信息"输入完成

3．第三步：输入梯板、平台板、梯梁参数

1）输入梯板参数

点击页面下方"梯板1"选项卡，显示出"梯板1"图像，图11-6。

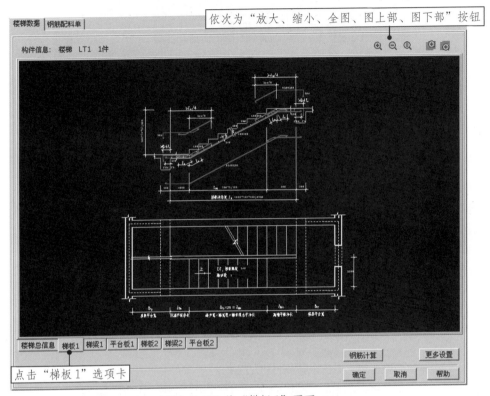

图 11-6 LT1 的"梯板1"页面

（1）输入梯板厚度、踏步数、楼梯宽度

点"图下部"按钮，显示出"梯板1"下部平面布置图图像，转动鼠标滑轮放大或缩小到合适位置。

双击"梯板厚度"的默认数值，重新输入"140"；双击"踏步数"的默认数值，重新输入"3"（图11-7）。

提示：此处参数为"踏步数"，为"4步均分"梯板1的踏步级数 4 － 1 = 3。

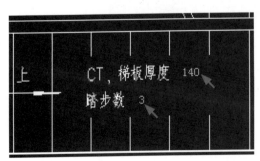

图 11-7 输入"梯板厚度、踏步数"

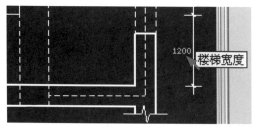

放大或缩小图像，显示右侧的"楼梯宽度"参数，双击默认值重新输入"1200"，图11-8。

图 11-8　输入"楼梯宽度"

（2）输入"梯梁宽度、平板净长"

点击"全图"按钮，放大图像到适当位置，分别在"低端梯梁宽度、低端平板净长、高端平板净长、高端梯梁宽度"参数位置输入"梯板1"的相关参数，图11-9。

图 11-9　输入"梯梁宽度、平板净长"

（3）输入"梯板厚度、平板厚度、踏步高度、踏步宽度"

点击"图上部"按钮，放大图像到适当位置，在"梯板厚度、低端平板厚度、高端平板厚度、踏步高度、踏步宽度"参数位置输入"梯板1"的参数，图11-10。

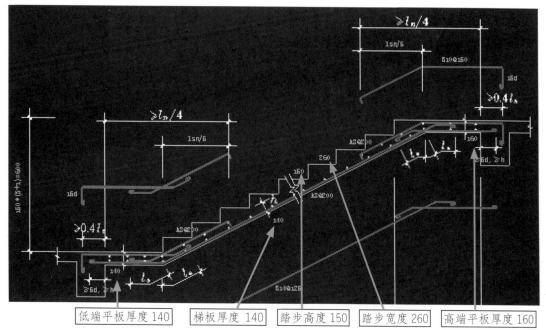

图 11-10　输入"梯板厚度、平板厚度、踏步高度、踏步宽度"

（4）输入"配筋参数"

在"梯板下部低位纵向配筋、高端支座上部纵向配筋、梯板上部横向配筋（上下两处）、梯板下部横向配筋"参数位置输入"梯板 1"的配筋参数，如图 11-11 所示。

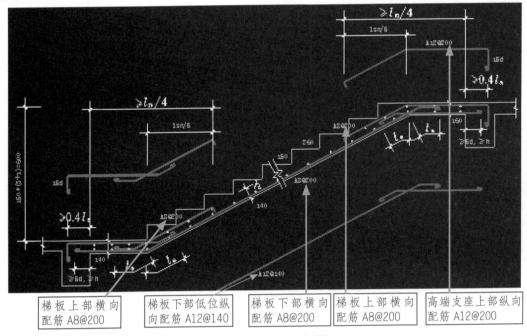

梯板上部横向配筋 A8@200

梯板下部低位纵向配筋 A12@140

梯板下部横向配筋 A8@200

梯板上部横向配筋 A8@200

高端支座上部纵向配筋 A12@200

图 11-11 输入"配筋参数"

注意：图像中的构造参数"锚固长度、跨中延伸长度、弯钩长度"等，均可修改。本示例不改。

2）输入梯梁参数

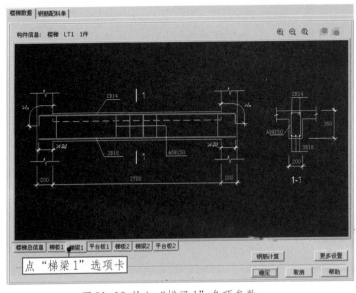

点"梯梁 1"选项卡

点"梯梁 1"选项卡，显示出"梯梁 1"图像页面，在其中输入梯梁净跨长、梯梁高度、支座宽度、上部筋、下部筋、箍筋等参数，图 11-12。

图 11-12 输入"梯梁 1"各项参数

3）输入平台板参数

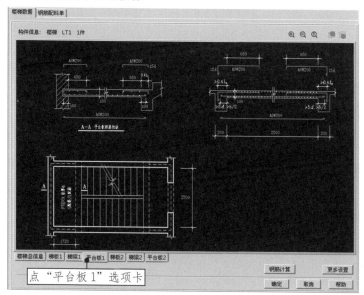

点"平台板1"选项卡，
显示出"平台板1"图像页面，
在其中输入平台板厚度、净
跨长、支座宽、上部筋、横
向配筋、短跨方向配筋等参
数，图11-13。

图11-13 输入"平台板1"各项参数

至此，"梯板1"各项参数输入完成。

同样操作，完成"梯板2"各项参数的输入。

4.第四步：设置钢筋构造细节参数

点"更多设置"按钮，弹出"更多设置"窗口，其中含有"梯板、梯梁、休息平台板、
楼梯位置"选项卡，点击各选项卡及其中选项，输入有关参数，图11-14。

这里不再说明各选项，自行查看。

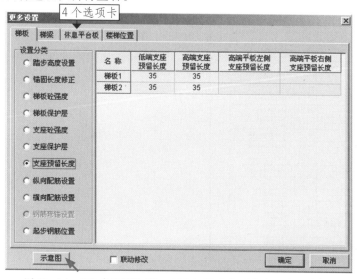

图11-14 "更多设置"窗口（图中页面为"支座预留长度"）

当不清楚"某选项"含义时,点击"示意图"按钮,可显示出该选项示意图。

例如选中"支座预留长度"选项后,点"示意图"按钮,显示出该项示意图,图中清楚说明了"支座内预留长度"的含义,图11-15。

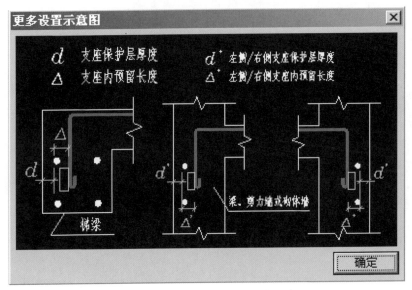

图11-15 "支座内预留长度"的示意图

5. 第五步:点击"钢筋计算"按钮,完成钢筋翻样

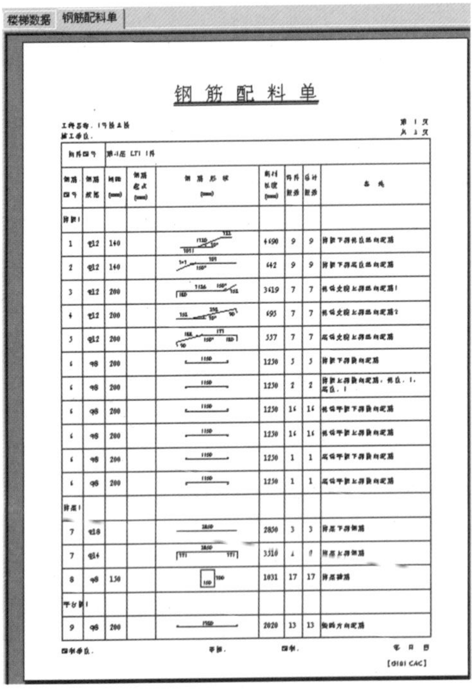

参数输入完成,点击"钢筋计算"按钮,"LT1"钢筋翻样完成。

注意:当钢筋在"支座内锚固长度"不满足标准构造时,软件会自动提醒。

点"钢筋配料单"选项卡,查看钢筋翻样结果,图11-16。

图11-16 LT1的钢筋配料单

第十二章　基础钢筋翻样

（完成本章学习，约 3 小时）

CAC 软件中，基础构件含有 3 类，分别为桩及独立基础、基础板、基础梁，图 XII -1。

图 XII -1 软件中基础构件的种类

"桩及独立基础"中，可添加"独立基础、桩基础、灌注桩护壁、桩承台"构件，图 XII -2。

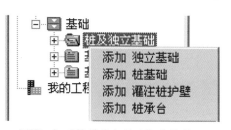

图 XII -2 "桩及独立基础"的构件

"基础板"中，可添加"筏板"构件，图 XII -3。

图 XII -3 "基础板"的"筏板"构件

"基础梁"中，可添加"地下框架梁 DKL、基梁 JL、梁式条基 TJ"构件，图 XII -4。

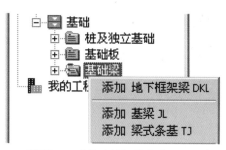

图 XII -4 "基础梁"的构件

下面，我们依次说明各类基础构件的钢筋翻样。

一、桩及独立基础钢筋翻样

1. 独立基础

添加操作与其他构件相同，添加后在其"基础信息"页面选定"基础形式"，输入参数，点击"钢筋计算"按钮，则钢筋翻样完成，图 12-1。结果显示在钢筋配料单中。

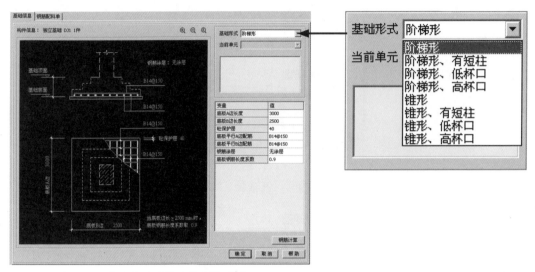

图 12-1　独立基础"基础信息"页面

2. 桩基础

添加操作与其他构件相同，添加后在其"基础信息"页面选定"桩基形式"，输入参数，点击"钢筋计算"按钮，钢筋翻样完成，图 12-2。结果显示在钢筋配料单中。

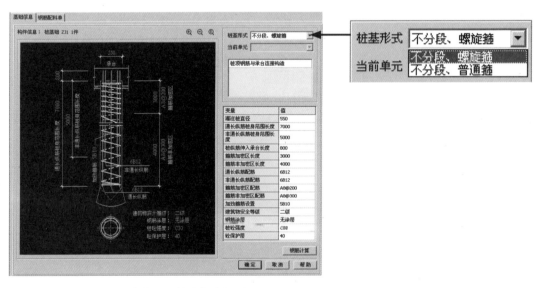

图 12-2　桩基础"基础信息"页面

3．灌注桩护壁

添加操作与其他构件相同，添加后在其"基础信息"页面选定"护壁形式"、"当前单元"，输入参数，点击"钢筋计算"按钮，钢筋翻样完成，图12-3。结果显示在钢筋配料单中。

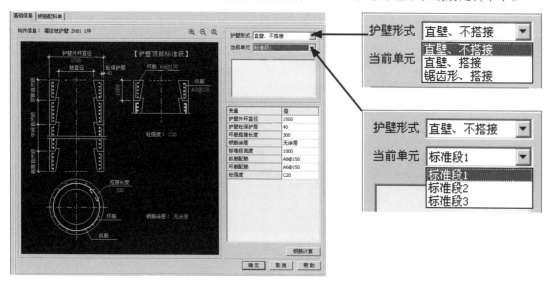

图12-3 灌注桩护壁"基础信息"页面

4．桩承台

添加操作与其他构件相同，添加后在其"基础信息"页面选定"承台形式"，输入参数，点击"钢筋计算"按钮，钢筋翻样完成，图12-4。结果显示在钢筋配料单中。

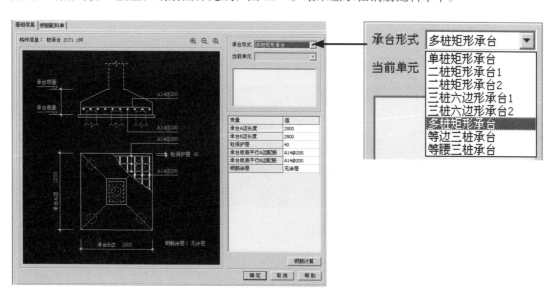

图12-4 桩承台"基础信息"页面

二、基础梁钢筋翻样（含基梁实例）

软件中，各类型基础梁的参数格式、钢筋翻样过程，均与"框架梁"相同，不同的只是少数几项构造细节的参数。因此，本节不再讲解具体操作，如尚未学习"第九章 梁钢筋翻样"，建议学习该章后再学习本节。

1．地下框架梁

在软件中添加后，其"梁数据"页面如图 12-5。

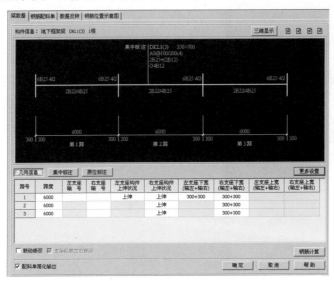

图 12-5 地下框架梁"梁数据"页面

2．基梁（含实例讲解）

基梁是指"梁板式筏形基础"中的基础梁，添加后其"梁数据"页面如图 12-6。

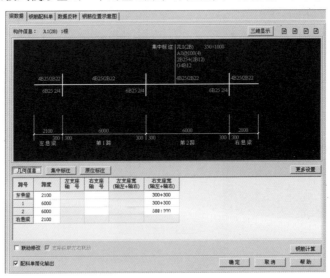

图 12-6 基梁"梁数据"页面

图XII-5 基梁实例来自某剪力墙住宅工程基础梁平面布置图，翻样时注意如下细节。

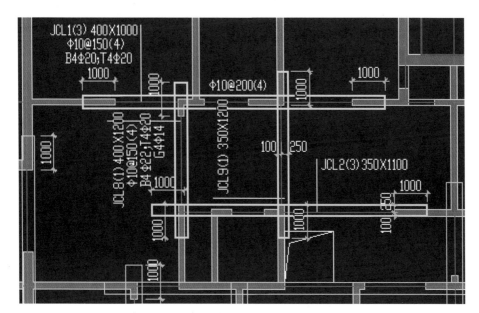

图XII-5　剪力墙结构住宅筏板基础中基梁实例

细节1：施工图中关于"端部支座"的说明

基础施工图中，会注明"基础梁伸入支座约1000mm"等说明，这里的"支座"即是结构设计为基础梁设定的"支座"，其支座边缘为"墙梁节点区"的剪力墙端部，据此注明，则图XII-5中 JCL8(1) 各项参数取值如图12-7所示。

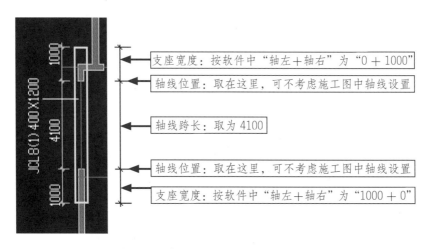

图12-7 按施工图中注明的基梁"支座"设定软件中各项参数

在其"梁数据"页面输入的参数，如图 12-8 所示。

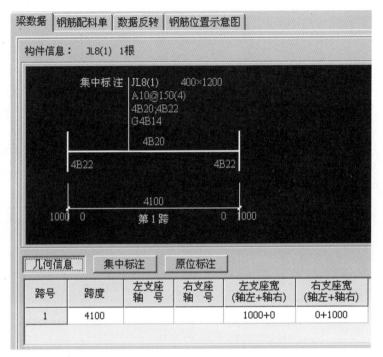

图 12-8 软件中输入的 JCL8(1) 的几何信息参数

细节 2：区分梁高确定"箍筋贯通梁"和"箍筋不贯通梁"

施工时，两向相交的基础梁，截面较高的基础梁箍筋在节点区贯通；截面较低的基础梁箍筋不贯通节点区。

图Ⅻ-5 中 JCL8(1)、JCL9(1) 梁高为 1200，箍筋贯通节点；与其正交的 JCL1(3)、JCL2(3) 梁高度分别为 1000、1100，箍筋不贯通节点。

箍筋贯通或不贯通节点的构造，在"更多设置"的"纵筋其他计算规则设置"的"梁节点区内是否布置箍筋"参数中设置。设为"布置"，计算出的箍筋根数"加入"支座内箍筋数量。设为"不布置"，箍筋根数只按净跨计算，图 12-9。

支座内的梁纵筋在计算时是否考虑自动排布	考虑
梁底部有高差时放坡角度	45
梁端部底部与顶部纵筋搭接长度(mm)	150
梁节点区内是否布置箍筋	布置
架立筋搭接长度设置	150

布置 ▼
不布置
布置

图 12-9 设置"布置"或"不布置"箍筋

注意：基础梁钢筋翻样完成，使用"三维显示"功能查看基础梁钢筋的三维图时，进入支座的箍筋在图中不显示(此为软件的设置)，但在钢筋配料单中箍筋总根数中包括进入支座的箍筋数量。

图Ⅻ–5 中 JCL1(3) 的箍筋不贯通节点, 其各项参数取值如图 12–10 所示, 其中 "中间支座 (即两向梁相交节点)" 分别为 JCL8(1)、JCL9(1)。

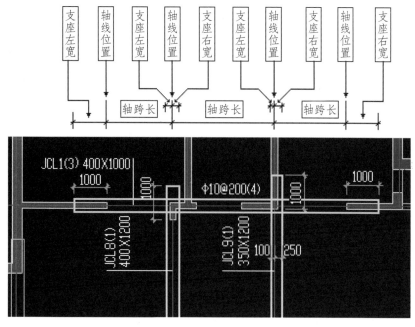

图 12–10 JCL1(3) 的各项参数

细节 3：参数格式与软件对应

施工图中基础梁集中标注的参数格式, 为 "底部贯通筋; 顶部贯通筋"(B:xΦxx; T:xΦxx), 即底部筋在前、顶部筋在后。

而软件中基础梁底部贯通筋、顶部贯通筋的格式, 仍统一为梁的 "上部贯通筋; 下部贯通筋" 的格式, 即上部筋在前、下部筋在后。

因此, 输入集中标注的参数时, 注意将 "T" 打头的 "顶部贯通筋" 输入在分号之前, "B" 打头的 "底部贯通筋" 输入在分号之后。图 12–11。

几何信息	集中标注	原位标注
梁 截 面	400×1200	
梁 加 腋		
箍 筋	A10@150(4)	
通长筋+(架立筋)	4B20;4B22	
侧面纵筋	G4B14	
梁底面标高高差(m)		

JCL8(1) 400X1200
Φ10@150(4)
B4 ±22;T4±20
G4±14

图 12–11 标注底部贯通筋、顶部贯通筋参数时, 顺序与图纸中相反

细节 4："基础梁端部保护层"的设置

图XII－5 中的基础梁，顶面高于基础平板，其端部有保护层。但软件没有为高于基础平板的基础梁端部设置单独的保护层参数。软件中基梁的保护层仍按"框架梁"的保护层情况设置，只有"底部、顶部、左侧、右侧"四个面的保护层，图 12-12。

设置分类	跨 号	梁底部保护层	梁顶部保护层	梁左侧保护层	梁右侧保护层
○ 梁砼强度 ● 梁保护层	1	25	25	25	25

图 12-12 基梁保护层的设置参数

软件中，基梁"贯通纵筋"的端部保护层，即其弯折段外皮至梁端面的距离，仍是按照"以柱或墙为支座的楼层梁"的弯折段外皮至支座边缘距离的计算方式确定，即按照"支座保护层厚度＋支座纵筋直径＋20mm 支座纵筋外皮与梁筋弯折段外皮净距"方式确定，其中"20mm 净距"是软件默认必须加入的。

按上述计算方式，图XII－5 中基础梁保护层，不涉及"支座保护层厚度"、"支座纵筋直径"，因此在"更多设置"中，需将"支座砼保护层"、"支座纵筋直径"设为"0"。

而软件默认必须加入的"20mm 净距"则可作为保护层的基数。如果"保护层"刚好取梁保护层最小厚度 20mm，那么将"支座保护层厚度"、"支座纵筋直径"设为"0"后，计算出的底部贯通纵筋、顶部贯通纵筋保护层厚度也刚好为 20mm，图 12-13、图 12-14。

设置分类	跨 号	左支座保护层（左边）	左支座保护层（右边）	右支座保护层（左边）	右支座保护层（右边）
● 支座砼保护层	1	0	0	0	0

图 12-13 将支座保护层设为"0"

设置分类	跨 号	左支座纵筋直径（左边）	左支座纵筋直径（右边）	右支座纵筋直径（左边）	右支座纵筋直径（右边）
● 支座纵筋直径	1	0	0	0	0

图 12-14 将支座纵筋直径设为"0"

如果基础梁端部保护层取"25mm"，那么将"支座保护层"设为"5mm"，再加上"20mm 净距"后，梁保护层为"25mm"，图 12-15。

跨 号	左支座保护层（左边）	左支座保护层（右边）	右支座保护层（左边）	右支座保护层（右边）
1	5	5	5	5

图 12-15 如基梁端部保护层取 25mm，将支座保护层设为"5"

细节 5：底部与顶部纵筋的"封边构造"

基础梁底部与顶部纵筋的"封边构造"在"更多设置"窗口"纵筋其他计算规则设置"页面的"梁端部底部与顶部纵筋搭接长度 (mm)"中设置，图 12-16。

支座内的梁纵筋在计算时是否考虑自动排布	考虑
梁底部有高差时放坡角度	45
梁端部底部与顶部纵筋搭接长度(mm)	150 ←
梁节点区内是否布置箍筋	布置
架立筋搭接长度设置	150

图 12-16 "封边构造"设置

细节 6：基础梁的"底部通长筋连接设置"

当底部纵筋贯通全跨不需要连接时，需在"更多设置"窗口"底部通长筋连接设置"页面"连接设置"中，选择为"不设置接头"，否则软件将在跨中 1/3 范围按连接构造翻样底部筋。本示例单跨基础梁 JCL8(1)、JCL9(1) 均需"不设置接头"，图 12-17。

跨 号	连接设置	允许连接位置
1	不设置接头	

图 12-17 "底部通长筋连接设置"

3．梁式条基

添加后，其"梁数据"页面如图 12-18 所示。

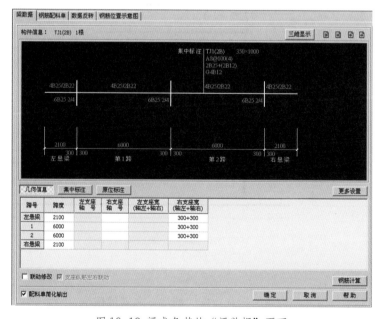

图 12-18 梁式条基的"梁数据"页面

三、筏板钢筋翻样（含一个实例）

筏板钢筋翻样采用 CAC 自主绘图平台以绘图方式进行，绘图操作与楼盖板相同，本节不再讲解具体操作，如果尚未学习"第十章 板钢筋翻样"，先学习该章。

1. 筏板配筋与软件中板图形的绘制

筏板配筋为两部分：

第一部分：板底部与顶部贯通纵筋。

此筋布置区域为"板区"。"板区"即指板厚相同、基础平板底部与顶部贯通纵筋配置相同的区域为同一板区。

筏板中的基础梁、墙节点区位于板区之中，其位置与板区范围无关。因此，绘制板图形时，需直接绘制出"板区"，而不是先绘制出基础梁及墙节点区再生成板区（这一点与楼盖板中先绘制支座再生成板块有着根本的不同）。

第二部分：板底部附加非贯通纵筋。

此筋布置于筏板中基础梁及墙节点区的底部，配筋形式及构造较为简单，既可以在板图形中绘制出"基础梁及墙节点区"布置此筋，也可在"钢筋配料单"中使用"钢筋编辑"功能自行加入。

2. 板底部与顶部贯通纵筋的配筋构造与软件中处理方式

1) 板底部与顶部贯通纵筋的配筋构造

主要涉及以下 7 项：

第 1 项：基础梁端位于跨中时，与基础梁同一方向的板纵筋伸入基础梁端部的锚固构造（图 XII-6）；

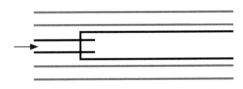

图 XII-6 伸入基础梁端部锚固的板纵筋

第 2 项：基础梁边板的第一根纵筋布筋位置构造（图 XII-7）；

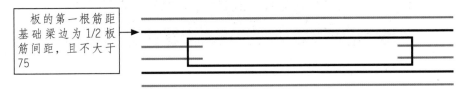

图 XII-7 基础梁边板的第一根纵筋布筋位置构造

第 3 项：连接构造；

第 4 项：端部等截面外伸构造、变截面外伸构造、无外伸构造；

第5项：不同板区变截面部位钢筋构造；

第6项：基坑位置的板钢筋构造；

第7项：后浇带位置的板钢筋的搭接留筋构造。

2）软件中处理方式

（1）在板图形的板区中布置贯通纵筋时，可先不处理第1、2、3项构造，按通长钢筋形式布置，其构造在"钢筋配料单"中处理。

（2）在板区中布筋时可直接处理完成的构造为：第4、5项构造。

布置板贯通纵筋时，软件中设有纵筋端部的各种构造参数，直接选定所需构造参数，即可在布筋时完成端部构造。

其中第5项构造中端部变截面外伸部位的顶部筋，需要另行加入钢筋配料单中手工翻样，或在板图形另行绘制"悬挑端"处理，图Ⅻ－8。

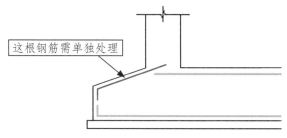

图Ⅻ－8　端部变截面外伸部位的顶部筋

（3）布筋后可使用相关命令处理的构造为：第6、7项构造。

在板图形中绘制出"基坑"，之后使用"自动切断钢筋"命令，使通长形式的板底部筋与顶部筋，在基坑位置按标准构造切断。

如后浇带位置采用"搭接留筋"构造，在板图形中绘制出"后浇带"，之后同样使用"自动切断钢筋"命令，完成后浇带中的搭接留筋构造。

（4）在"钢筋配料单"中使用"钢筋编辑"功能处理第1、2、3项构造。

板底部与顶部贯通纵筋输出至"钢筋配料单"后，进行如下处理：

第1项构造，计算出伸入基础梁端部锚固的纵筋根数，在钢筋配料单中，相应减少其所在批次的钢筋根数，之后使用"钢筋编辑"功能，在配料单中另行加入此筋，编辑其钢筋形式，输入其长度。

第2项构造，软件布筋时，并未考虑此布筋构造对所在批次钢筋根数的影响。当根据此构造，配料单中有关批次的钢筋数量需减少1根或2根时，使用"钢筋编辑"功能调整相应批次钢筋根数。

第3项构造，超过定尺长度的钢筋，在钢筋配料单中使用右键菜单中的"组合钢筋编辑"命令，根据板区中基础梁、墙节点区位置，按连接构造进行处理。

2．【实例】双层双向通长布筋的筏板

图Ⅻ-9中筏板，底板均厚，双层双向布置通长钢筋。

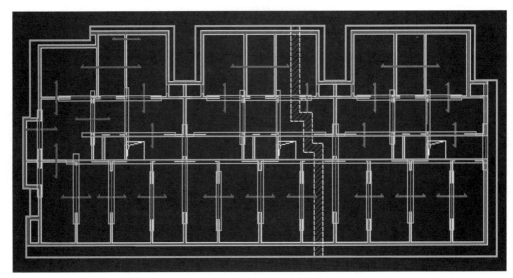

图Ⅻ-9　剪力墙结构住宅筏板示例

此筏板为一个整体板区，绘制时，按外伸部位边缘线绘制出一个整体"板区"，用于布置"板底部、顶部贯通纵筋"。

在"板区"中绘制出"基坑"，以使用"自动切断钢筋"命令实现"板的贯通纵筋"在基坑位置的构造。

当在后浇带位置采用"搭接留筋"构造时，在"板区"绘制出"后浇带"，以使用"自动切断钢筋"命令实现"板的贯通纵筋"的"后浇带搭接留筋构造"。

"板贯通纵筋"的其他构造在钢筋配料单中实现。

可绘制出"墙节点区"，用于布置板底部附加非贯通纵筋，也可不绘制"墙节点区"，而是在"钢筋配料单"中手动输入板底部附加非贯通纵筋。

说明：本示例不绘制节点区。

软件中操作过程如下：

1）第一步：绘制轴线及外伸部位边缘线

绘制本示例筏板轴线时，所需绘制的轴线数量主要考虑以下两方面因素：

其一，能准确绘制出板区（外伸部位边缘线可作为轴线直接绘制，以进一步简化操作）。

其二，能使"基坑"、"后浇带"准确定位。

轴线绘制过程为：

首先，使用"轴网"菜单中"正交轴网"命令绘制正交轴网，图12-19A，输入参数时将外伸部位边缘线作为轴线进行绘制，绘制后如图12-19B。

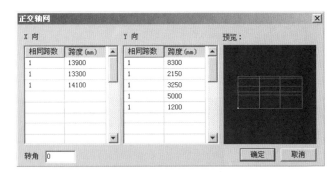

图 12-19A　使用"正交轴网"命令绘制正交轴网

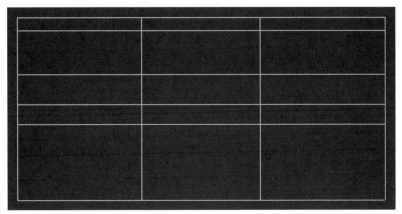

图 12-19B　绘图区生成的正交轴网

其次，使用"修改"菜单中"参数化复制"、"轴网"菜单中"单根轴线"等命令绘制出需加入的"单根轴线"，注意加入可准确定位"基坑"的轴线，图 12-20A、图 12-20B。

图 12-20A　使用"参数化复制"、"单根轴线"等命令绘制单根轴线

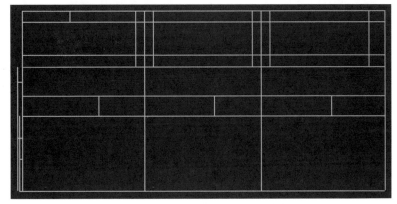

图 12-20B　所需单根轴线绘制完成

2）第二步：绘制出板区

使用"手工绘板"命令，按命令提示逐一点选板区各端点绘制出板区，之后使用"板编辑"命令编辑板区参数，编号为 LPB1，板厚 700，图 12-21。

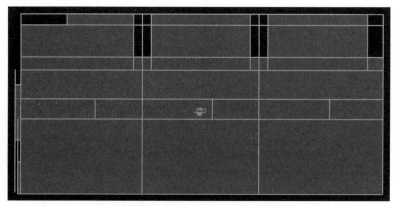

图 12-21　使用"手工绘板"命令按操作提示绘制出"板区"

3）第三步：加入基坑

先使用"基坑参数"命令设定各个基坑参数，图 12-22。

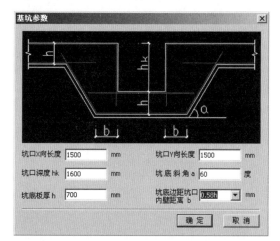

图 12-22　使用"基坑参数"命令设置一种基坑参数

之后使用"添加基坑"命令添加基坑。"添加基坑"时，根据设定的"定位点"，在弹出的"定位"窗口中输入定位点距基坑中心点 X、Y 方向的距离，将基坑准确加入所在位置，图 12-23A ～图 12-24C。

操作时，参见命令提示区的操作提示。

以此轴线交点作为基坑添加时定位点，输入 X、Y 向定位距离后，用"十字形"光标选中

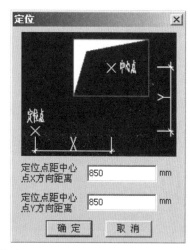

图 12-23A "添加基坑"操作过程

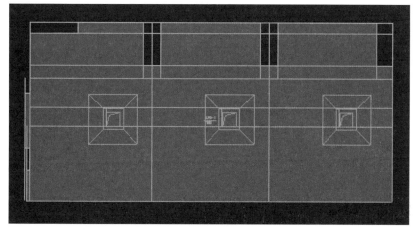

图 12-23B 一种基坑添加完成

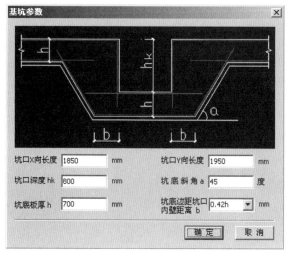

图 12-24A 设定另一种基坑参数

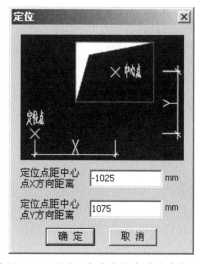

图 12-24B 以同一点为定位点时的定位距离

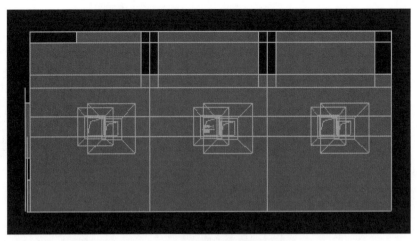

图 12-24C 另一种基坑添加完成

4）第四步：绘制后浇带

绘制后浇带主要用于后浇带搭接留筋构造，如采用"贯通留筋"构造，可不必绘制后浇带。本示例中后浇带为温度后浇带，采用"贯通留筋"构造，不必绘制后浇带。如需绘制，参见"第十章 板钢筋翻样"中后浇带的绘制操作。

5）第五步：布筋

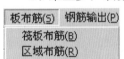

筏板的绘图页面，设有"筏板布筋"和"区域布筋"两种命令，用于布置筏板钢筋，图 12-25。

图 12-25 板布筋的两种命令

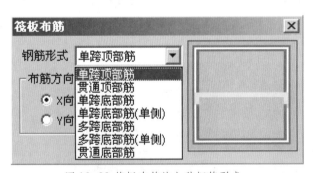

图 12-26 筏板布筋的七种钢筋形式

（1）筏板布筋

点选"筏板布筋"命令后，显示出"筏板布筋"窗口，其中设有七种钢筋形式，布筋时注意按照各种钢筋形式的"命令提示"操作，图 12-26。

① 单跨顶部筋

可在一个多边形板区中布置顶部筋。当选择此钢筋形式及其方向后，只需选中"板区"，软件自动按照板区的多边形形状，划分出通长钢筋形式所在的各个矩形区域，并在每一矩形区域按通长钢筋形式完成顶部筋布置。

② 贯通顶部筋、贯通底部筋

是指将"板区"分割为相应矩形板构件后，选择"起始板构件"、"终止板构件"布置贯通筋。

注：软件中"贯通顶部筋"、"贯通底部筋"的"布筋方式"，是通过选择"起始板构件"、"终止板构件"完成布筋的，因此需人为将某一多边形整体"板区"分割为一块块矩形板构件，以便于布筋。分割板区时可使用"板构件"菜单中"板手工分割"、"板自动分割"命令（图12-27）。具体操作参见各自的"命令提示"。

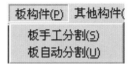

图 12-27 板的分割命令

③ 单跨底部筋、单跨底部筋 (单侧)

用于布置单跨"板底部附加非贯通纵筋"。"单跨底部筋"是指附加筋伸入两侧跨中，"单跨底部筋 (单侧)"是指附加筋伸入一侧跨中。布置此筋时可直接选择"梁"也可选择梁所在"轴线"完成布筋。

④ 多跨底部筋、多跨底部筋 (单侧)

用于布置多跨"板底部附加非贯通纵筋"。"多跨底部筋"是指附加筋伸入两侧跨中，"多跨底部筋（单侧）"是指附加筋伸入一侧跨中。布置此筋时只能通过选择"梁"完成布筋。

布筋时，每一钢筋形式均弹出"筏板钢筋参数"窗口，其中对应设有"钢筋长度"、"其他参数"等参数，在其中设定钢筋的"端部构造"及"板顶有高差构造"，图12-28。

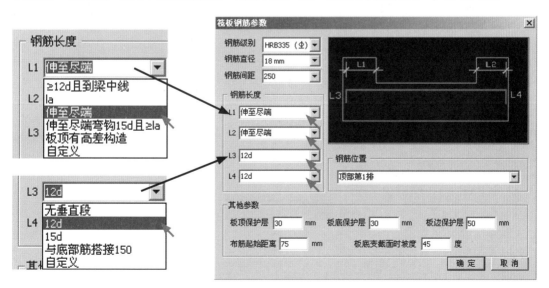

图 12-28 "单跨顶部筋"的"筏板钢筋参数"窗口的参数设置

图 12-29 区域布筋的两个钢筋种类

（2）区域布筋

选择"区域布筋"命令时，显示出"区域布筋类型"窗口，图 12-29，其中设有"上部筋、下部筋"两种，用于在"板区"范围布置"板底部、顶部贯通纵筋"。

与"筏板布筋"命令不同，在"区域布筋类型"窗口中选定种类后，需在板图形中手动勾出布筋区域进行布筋，同时选择某一方向的"轴线"或"梁"作为布筋方向，

图 12-30 中本示例筏板的 X 向、Y 向上部筋，即是使用"区域布筋"命令的"上部筋"布置完成。

布筋时，既可一次勾出整个板区，也可将板区分成几个区域。分成几个区域时，可使用"单根轴线"命令绘出一些辅助轴线，则产生轴线交点以形成各个区域的端点。通过软件的"自动捕捉"功能捕捉到这些端点，则可准确勾出各个区域。图 12-30 中 3 个粉色框线区域即为布置 Y 向纵筋时另行分成的几个区域，其中另行添加了"单根轴线"。

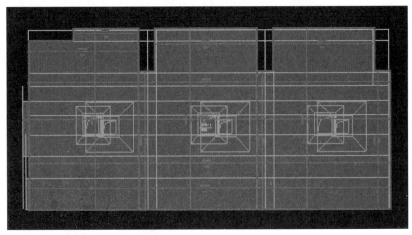

图 12-30 使用"区域布筋"命令中的"上部筋"布置的板筋

提示：使用"单根轴线"命令绘制辅助轴线时，可选中"启用正交功能"，图 12-31，以使所绘单根轴线保持为正交的直线。

图 12-31 "启用正交功能"按钮

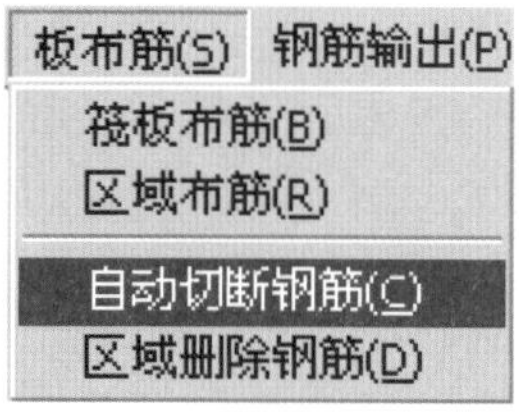

6）第六步：完成基坑边缘钢筋构造

使用"自动切断钢筋"命令，先点选所需切断钢筋，再点选切断钢筋的基坑，完成基坑边缘钢筋构造，图 12-32。

图 12-32 "自动切断钢筋"命令

本示例中基坑为两种，底部与顶部的 X 向、Y 向贯通纵筋，均需分别在两种基坑边缘进行切断。顶部 X 向、Y 向贯通切断后如图 12-33A、图 12-33B 所示。

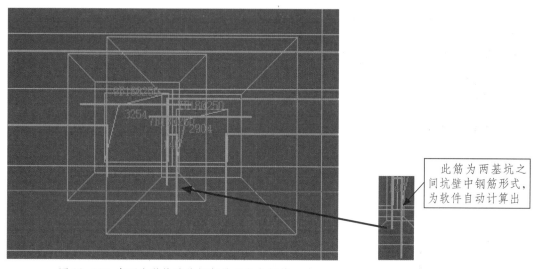

此筋为两基坑之间坑壁中钢筋形式，为软件自动计算出

图 12-33A 在两个基坑边缘切断的 X 向上部筋

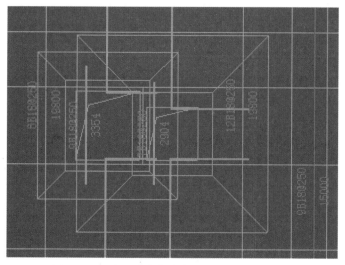

图 12-33B 在两个基坑边缘切断的 Y 向上部筋

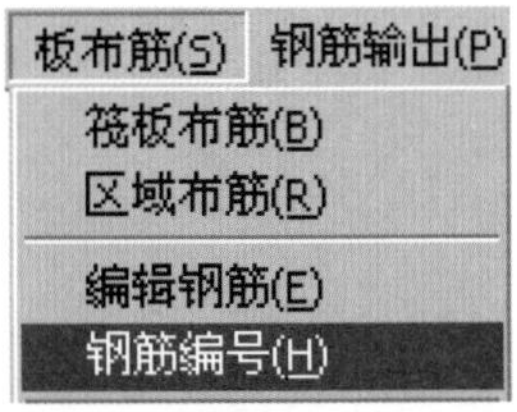

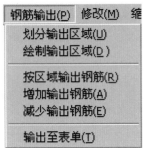

图 12-34 钢筋编号、编辑钢筋命令

7）第七步：钢筋编号

使用"钢筋编号"或"编辑钢筋"命令，完成钢筋编号，图 12-34。

具体操作参见"第十章 板钢筋翻样"中的"钢筋编号"。

8）第八步：输出钢筋

使用"钢筋输出"菜单中的有关命令，进行钢筋输出操作，图 12-35。

具体操作参见"第十章 板钢筋翻样"中的"输出钢筋"。

图 12-35 钢筋输出菜单

9）第九步：在钢筋配料单中使用各种"编辑"功能，完成板筋有关构造

具体操作参见"第十章 板钢筋翻样"中的"钢筋编辑"。

10）第十步：在钢筋配料单加入板图形中未布置的配筋

如加入板底部附加非贯通纵筋、筏板阳角放射筋等。具体操作参看"第十三章 钢筋配料单的编辑"。

第十三章 钢筋配料单的编辑

（完成本章学习，约20分钟）

一、编辑钢筋配料单中的钢筋

软件中，每一构件的钢筋配料单，都位于"钢筋表单编辑器"中，可对每一钢筋进行编辑，同时，可在配料单中添加或删除钢筋。

1. 在配料单中编辑已有钢筋

参看"第十章 板钢筋翻样"的"第五步：编辑配料单中钢筋"。

2. 在配料单中增加钢筋

例如，在筏板的钢筋配料单中增加板底部附加非贯通纵筋，具体操作如下：

在配料单中，使用右键菜单"插入"命令中"插入钢筋行"插入一空行，图13-1。之后在页面右侧钢筋编辑器中输入参数，图13-2。

图 13-1 插入钢筋空行

钢筋编号	钢筋规格	间距(mm)	钢筋起点(mm)	钢筋形状(mm)	断料长度(mm)	每件根数	总计根数	备注

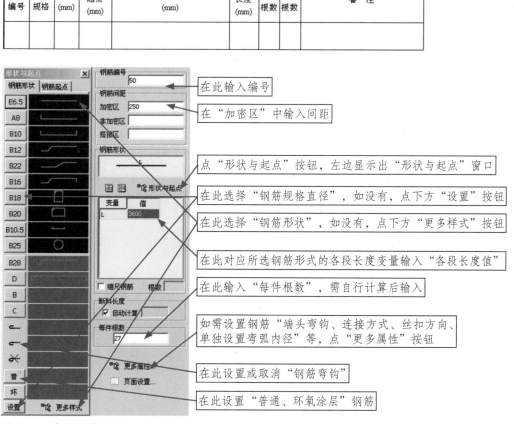

图 13-2 在钢筋编辑器输入钢筋参数

199

输入参数的同时，配料单中对应位置显示出参数。之后，如果需要输入"钢筋起点"，在"钢筋起点"选项卡页面，输入钢筋起点，参看"第十章 板钢筋翻样"中"第五步：编辑配料单中钢筋"相关操作说明。

输入后的筏板底部非贯通纵筋如图 13-3 所示。

钢筋 编号	钢筋 规格	间距 (mm)	钢筋 起点 (mm)	钢 筋 形 状 (mm)	断料 长度 (mm)	每件 根数	总计 根数	备 注
50	⊈18	250		3600	3600	27	27	4轴底部非贯通筋

图 13-3 输入后的板底部附加非贯通纵筋

二、多构件表单

工程管理区的每一楼层，均含有一个"多构件表单"，图 13-4。这个表单也是一个"构件夹"，在其中可以添加"表单"。在表单中可根据下料需要，汇总所需楼层、所需构件的钢筋。即在一个表单中，既可汇总本楼层，也可汇总其他楼层的构件，以用于打印等。

操作过程如图 13-5 ～图 13-10 所示。

图 13-4 每一楼层中的"多构件表单"

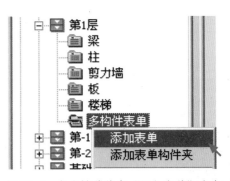

图 13-5 点右键菜单中"添加表单"命令

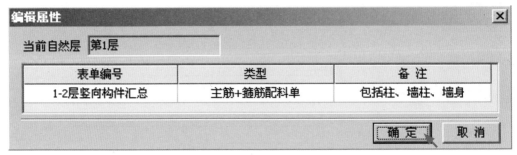

图 13-6 弹出"编辑属性"窗口，输入编号、选择料单类型、输入备注，
点"确定"按钮后，页面中显示出空白"钢筋配料单"

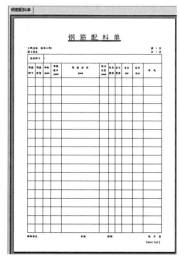

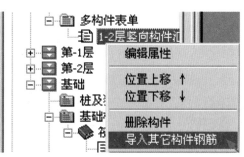

图13-7 显示出空白钢筋配料单　　图13-8 在表单的右键菜单中点选"导入其它构件钢筋"命令

工程	自然层	构件类型	构件编号	构件数量	起始位置	终止位置
1号楼主楼	第1层	柱	KZ-1-5#	1	第1层(-0.030m～4.470m)	第1层(-0.030m～4.470m)
1号楼主楼	第1层	柱	KZ-1-6#	1	第1层(-0.030m～4.470m)	第1层(-0.030m～4.470m)
1号楼主楼	第2层	剪力墙	1×B轴墙柱	1	第2层(4.470m～8.670m)	第2层(4.470m～8.670m)
1号楼主楼	第2层	剪力墙	AZ1	1	第2层(4.470m～8.670m)	第2层(4.470m～8.670m)
1号楼主楼	第2层	剪力墙	AZ2	1	第2层(4.470m～8.670m)	第2层(4.470m～8.670m)
1号楼主楼	第2层	剪力墙	AZ3	1	第2层(4.470m～8.670m)	第2层(4.470m～8.670m)
1号楼主楼	第2层	剪力墙	Q1	1	第2层(4.470m～8.670m)	第2层(4.470m～8.670m)
1号楼主楼	第2层	剪力墙	Q2	1	第2层(4.470m～8.670m)	第2层(4.470m～8.670m)

图13-9 弹出"导入其它构件钢筋"窗口，使用"快速添加、
添加构件"等按钮添加构件，之后点"确定"按钮

图13-10 钢筋配料单中加入所选构件钢筋

第十四章 钢筋加工

（完成本章学习，约 20 分钟）

CAC 软件的"钢筋加工"，设有"优化断料"功能，通过此功能，可充分利用钢筋料头及自动优化组合钢筋，以达到充分降低钢筋损耗率的目的。

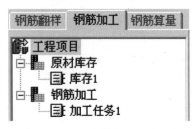

点屏幕左侧工程管理区的"钢筋加工"选项卡，显示其页面，其中含有"原材库存"和"钢筋加工"，图 14-1。

"原材库存"下含有"库存 1"，在其中输入库存钢筋，如需添加"库存 2"，使用右键菜单添加，图 14-2。

"钢筋加工"下含有"加工任务 1"，如需添加"加工任务 2"，点击右键菜单中"添加工作编号"命令，图 14-3。

图 14-1 "钢筋加工"选项卡

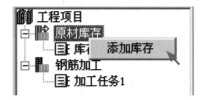

14-2 右键菜单"添加库存"

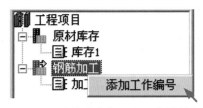

图 14-3 右键菜单"添加工作编号"

一、添加库存钢筋

点选工程管理区的"库存 1"，右侧数据区显示其"原材库存"页面，点击其中"添加原材"、"快速添加"等按钮添加原材，图 14-4。

（1）点选"级别"、"直径"、"种类"、"定尺"等单元格，选择所需钢筋；

（2）在"进料选择"格中点选"可进料"或"料头"；

（3）在"库存吨数"格中输入吨数，料头可在"库存根数"格中输入根数；

（4）在"优先级别"格中选择优先使用的钢筋。

序号	原材编号	级别	直径	种类	定尺	库存吨数	库存根数	进料选择	优先级别
1	材1	HPB 235	8	普通	盘条	10.000		可进料	普通
2	材2	HPB 235	10	普通	盘条	10.000		可进料	普通
3	材3	HRB 335	14	普通	13000	30.000	2086	可进料	普通
4	材4	HRB 335	16	普通	12000	30.000	1582	可进料	普通
5	材5	HRB 335	18	普通	12000	30.000	1250	可进料	普通
6	材6	HRB 335	20	普通	12000	30.000	1012	可进料	普通
7	材7	HRB 335	22	普通	12000	30.000	838	可进料	普通
8	材8	HRB 335	25	普通	12000	30.000	649	可进料	普通
9	材9	HRB 335	28	普通	12000	30.000	517	可进料	普通
10	材10	HRB 335	22	普通	4000	0.238	20	料头	优先使用
11	材11	HRB 335	25	普通	4000	0.462	30	料头	优先使用
12	材12	HRB 335	14	普通	5000	0.363	60	料头	优先使用

图 14-4 添加的钢筋原材

二、添加加工任务

添加库存钢筋后，在工程管理区点选"加工任务1"，右侧数据区显示其页面。在其"钢筋加工"选项卡中点"添加构件"、"快速添加"等按钮，添加需加工的构件，图14-5。

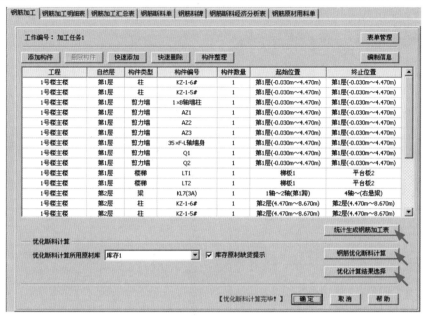

图14-5　添加需加工的构件钢筋

1．钢筋优化断料计算

添加构件之后，点击"钢筋优化断料计算"按钮，软件自动启动"智能筛选"功能，对钢筋原材和料头进行优化断料计算，完成后，蓝色字显示"优化断料计算完毕"。

2．优化计算结果选择

点"优化计算结果选择"按钮，弹出"优化模式选择"窗口，其中列有各规格钢筋的"A模式"及"B模式"两种优化模式，并标明了各模式的损耗率、组合方式数等，软件已默认选定一种，可根据需要自行选定另一种。注意其中损耗率控制在了2%以内，图14-6。

钢筋规格	优化模式选择	原材用量	损耗重量	损耗百分率	断料组合方式数
总计		4.46t	0.06t	1.37%	43种

钢筋规格	优化模式选择	原材用量(kg)	损耗重量(kg)	损耗百分率	断料组合方式数
B25	☐ A模式	3234.00	56.69	1.75%	24种
	☑ B模式	3187.80	55.91	1.75%	26种
B16	☐ A模式	379.20	5.34	1.41%	3种
	☑ B模式	379.20	5.34	1.41%	3种
A10	☐ A模式	734.84	0.00	0.00%	8种
	☑ B模式	734.84	0.00	0.00%	8种
A8	☐ A模式	160.54	0.00	0.00%	6种
	☑ B模式	160.54	0.00	0.00%	6种

图14-6　"优化模式选择"窗口

3．统计生成钢筋加工表

点"统计生成钢筋加工表"按钮，钢筋加工的各种表单生成，共6张，点选项卡查看，图 14-7 ～图 14-12。

| 钢筋加工 | 钢筋加工明细表 | 钢筋加工汇总表 | 钢筋断料单 | 钢筋料牌 | 钢筋断料经济分析表 | 钢筋原材用料单 |

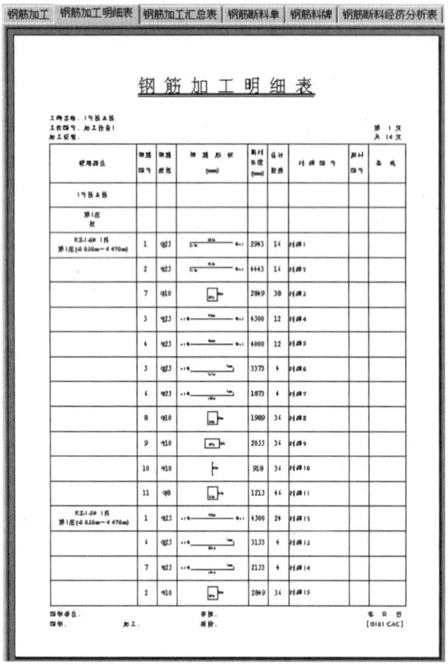

图 14-7　钢筋加工明细表

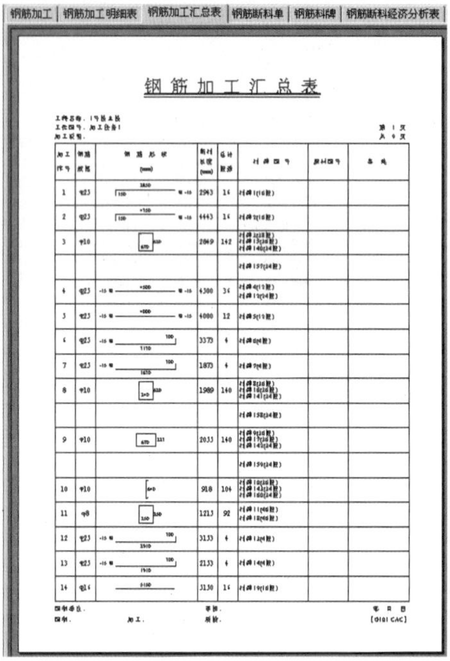

图 14-8　钢筋加工汇总表

图 14-9　钢筋断料单

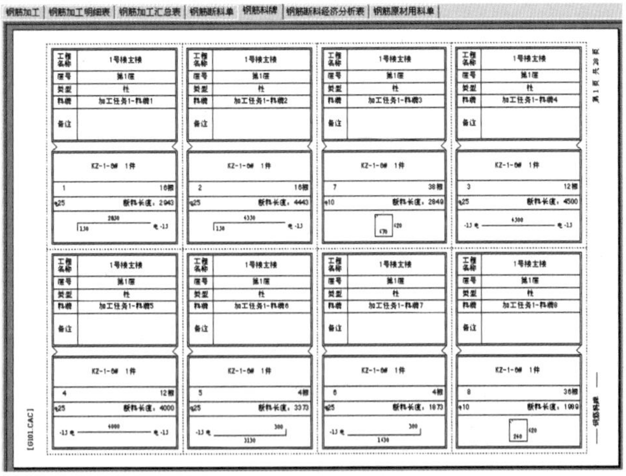

图 14-10　钢筋料牌

钢筋断料经济分析表

工程名称：1号楼主楼　　第 1 页
工作编号：加工任务1　　共 1 页

钢筋规格	原材编号	原材定尺(mm)	原材用量[根数/重量(kg)]	损耗重量(kg)	损耗百分率	断料组合方式数	备注
φ25	材8	12000	59根/2725.80	24.52	0.90%	20种	
φ25	材11	4000	30根/462.00	31.38	6.79%	6种	
			φ25合计：3187.80	55.91	1.75%	26种	
φ16	材4	12000	20根/379.20	5.34	1.41%	3种	
			φ16合计：379.20	5.34	1.41%	3种	
φ10	材2	盘条	734.84	0.00	0.00%	8种	
			φ10合计：734.84	0.00	0.00%	8种	
φ8	材1	盘条	160.54	0.00	0.00%	6种	
			φ8合计：160.54	0.00	0.00%	6种	
			原材用量总计：4462.38	61.25	1.37%	43种	

编制单位：　　审核：　　编制：　　年 月 日
[G101.CAC]

图 14-11　钢筋断料经济分析表

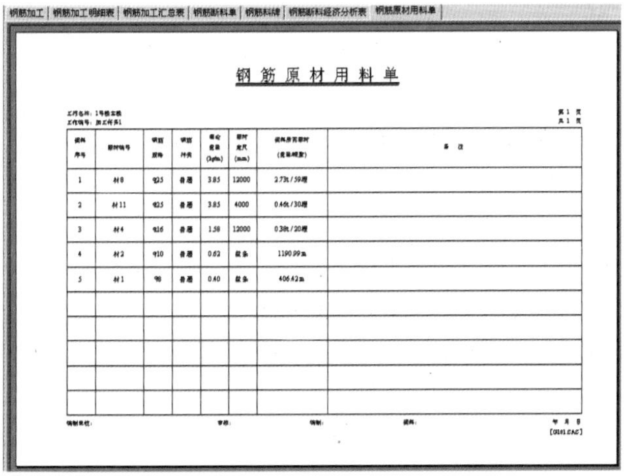

钢筋原材用料单

工程名称：1号楼主楼　　第 1 页
工作编号：加工任务1　　共 1 页

钢料序号	原材编号	钢筋规格	钢筋种类	理论重量(kg/m)	原材定尺(mm)	钢料所需原材(重量/根数)	备注
1	材8	φ25	普通	3.85	12000	2.73t/59根	
2	材11	φ25	普通	3.85	4000	0.46t/30根	
3	材4	φ16	普通	1.58	12000	0.38t/20根	
4	材2	φ10	普通	0.62	盘条	1190.99m	
5	材1	φ8	普通	0.40	盘条	406.42m	

编制单位：　　审核：　　编制：　　提料：　　年 月 日
[G101.CAC]

图 14-12　钢筋原材用料单

第十五章　钢筋算量

（完成本章学习，约10分钟）

钢筋算量，在工程管理区的"钢筋算量"选项卡中完成，图15-1。

图15-1 工程管理区的"钢筋算量"选项卡

一、算量统计事项

（1）统计各"楼层"中各种类构件的钢筋量。

（2）统计各"工程"中各楼层构件的钢筋量。

二、统计各"楼层"中各种类构件钢筋量

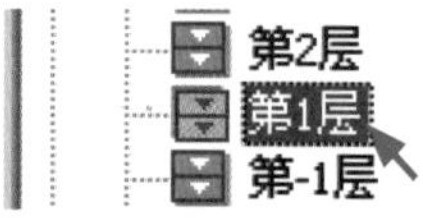

例如，统计"第1层"各构件的钢筋。点击工程管理区的"第1层"，图15-2，右侧数据区显示其"钢筋算量"页面，图15-3，在其中勾选所需构件类别，之后点"统计计算"按钮，算量统计完成。

图15-2 点击"第1层"

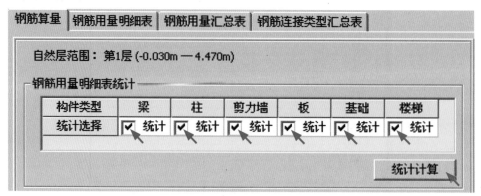

图15-3 数据区的"钢筋算量"选项卡（一）

点击上方选项卡"钢筋用量明细表"、"钢筋用量汇总表"、"钢筋连接类型汇总表",查看钢筋用量统计汇总内容,图 15-4 ～图 15-6。

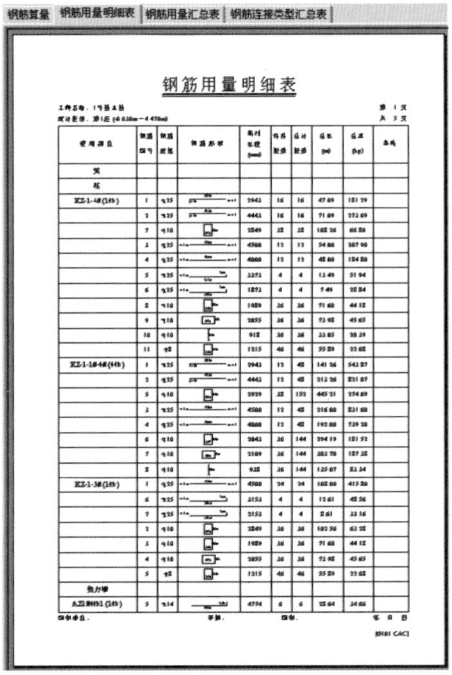

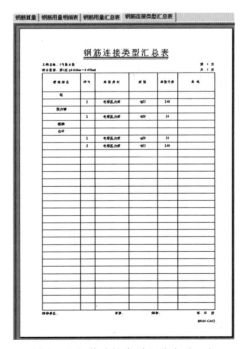

图 15-4 钢筋用量明细表（一） 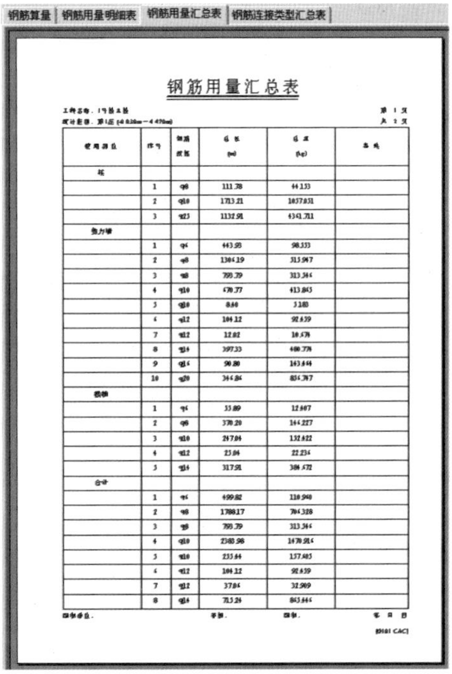　　　　　图 15-5 钢筋用量汇总表（一）

图 15-6 钢筋连接类型汇总表（一）

三、统计各"工程"中各楼层构件钢筋量

图 15-7 点击"工程名称"

例如，统计"1号楼主楼"各楼层构件的钢筋量。点击工程管理区的"1号楼主楼"工程名称，图 15-7，右侧数据区显示其"钢筋算量"页面，图 15-8，勾选所需楼层，点"汇总"按钮，统计完成。

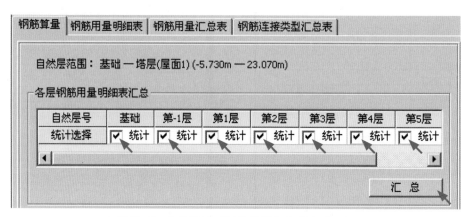

图 15-8 数据区的"钢筋算量"选项卡（二）

点击上方选项卡"钢筋用量明细表"、"钢筋用量汇总表"、"钢筋连接类型汇总表"，查看钢筋用量统计汇总内容，图 15-9～图 15-11。

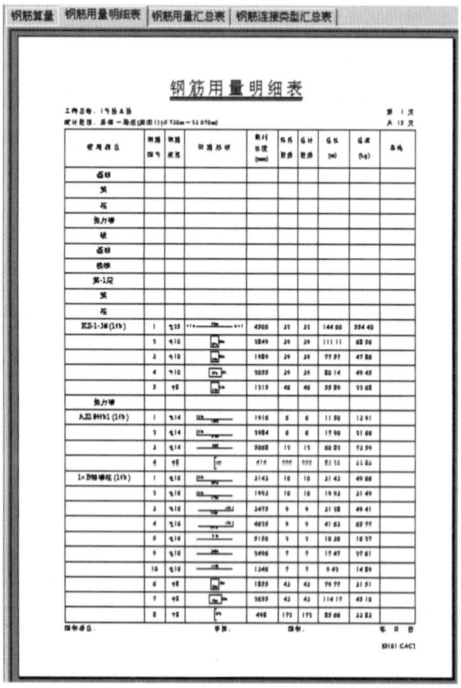

图 15-9 钢筋用量明细表（二）

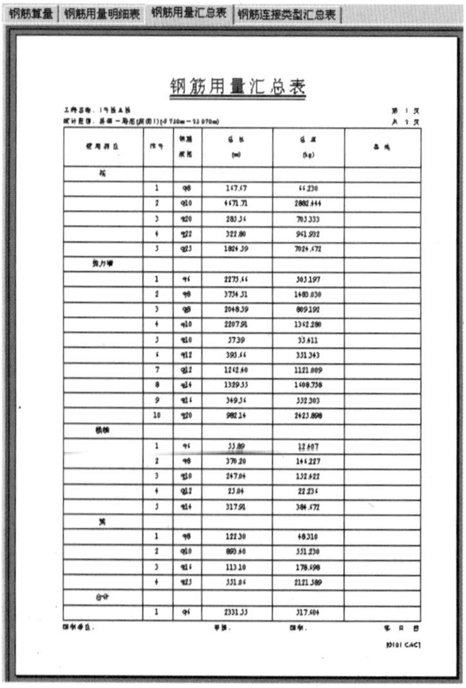

图 15-10 钢筋用量汇总表（二）

钢筋算量 | 钢筋用量明细表 | 钢筋用量汇总表 | **钢筋连接类型汇总表**

钢筋连接类型汇总表

工程名称：1号住宅楼
设计位置：基础一局部(见图1)(-0.720m~13.070m)

第 1 页
共 1 页

使用部位	序号	连接类处	规格	连接个数	备注
柱					
	1	电渣压力焊	φ20	48	
	2	电渣压力焊	φ22	40	
	3	电渣压力焊	φ23	360	
剪力墙					
	1	电渣压力焊	φ20	192	
楼梯					
梁					
	1	直螺纹套筒	φ23	10	
	2	直螺纹套筒	φ23后—φ23后	4	
合计					
	1	电渣压力焊	φ20	240	
	2	电渣压力焊	φ22	40	
	3	电渣压力焊	φ23	360	
	4	直螺纹套筒	φ23	10	
	5	直螺纹套筒	φ23后—φ23后	4	

技术负责人：   审核：   编制：   年 月 日

[0101 CAC]

图 15-11 钢筋连接类型汇总表（二）

后　记

作为与 G101 系列平法图集配套的钢筋下料软件，平法钢筋软件 G101.CAC 是一款技术含量高、功能强大、高度实用的软件，它不仅帮助我们提高了工作效率，更重要的是帮助我们提高了钢筋下料水平。随着电算化在建筑业日益普及，学会及掌握 CAC 软件，正在成为钢筋工程师必备的职业技能之一。

为了在 24 小时内，使大家充分理解并较快掌握 CAC 软件，这本教程在写作之初，就立下了一个目标，即读者在看本教程时，不看软件，也能清楚理解教程中所讲的软件操作。为此，多名钢筋工程师成为了这本教程的首批阅读者和检验者。

在这些钢筋工程师中，首先要感谢蒋登学先生，这位有着二十多年丰富钢筋下料经验的钢筋工程师，以他对平法图集的深入理解，对钢筋下料技术细节的准确掌握，逐字逐句阅读了教程中的每一行文字，对教程中的专业词汇、软件操作界面的讲解，提出了宝贵的修改意见。接着要感谢我的同事谢鸿先生，这位既精通平法钢筋又精通软件编程的同事，不厌其烦地一遍又一遍地反复阅读书稿，从技术概念直至软件操作，提出了宝贵意见。

当然，最需要感谢的是 CAC 软件的开发者——中国建筑标准设计研究院的全资子公司——北京金土木软件有限公司，正是在他们长期扎实地倾力工作，为我国建筑业贡献出了这款能够帮助我们高水平完成钢筋下料的优秀软件，从而使本教程的写作具有了现实的意义，同时也正是在他们的大力鼓励和支持下，本教程得以顺利完成。

希望能为广大钢筋工程师们提供一本好教程。

希望能为广大钢筋工程师职业技能的提高提供一份帮助。

作者：余 尚

2012 年 4 月 12 日